NATIONAL GEOGRAPHIC

EL CEREBRO

EL CEREBRO

Descifrar y potenciar nuestro órgano más complejo

LAS FRONTERAS DE LA CIENCIA

Dirección científica del área de neurociencia: Javier DeFelipe

Realización: EDITEC

Diseño cubierta: Llorenç Martí

Diseño interior: tactilestudio

© Ilustraciones: Francisco Javier Guarga Aragón

Fotografías: Getty Images: cubierta, 61ai, 73, 95, 105, 125; © EPFL/ Blue Brain Project: 17a; Tom Barrick, Chris Clark, SGHMS/Science Photo Library: 17b; Science History Images/Alamy Stock Photo: 51ai; Herederos de Ramón y Cajal: 51ad; Archivo RBA: 51b, 77b; Art Collection 4/Alamy Stock Photo: 53; Keystone Pictures USA/Alamy Stock Photo: 61ad; INTERFOTO/Alamy Stock Photo: 61b; Wellcome Library, London: 69; James King-Holmes/Science Photo Library: 91, 101 ad; Age Fotostock: 101ai, 101b

ISBN (OC): 978-84-473-9071-7
ISBN: 978-84-473-9072-4
Depósito legal: B.19463-2017

Impreso en Liberdúplex

Impreso en España - *Printed in Spain*

Para México

Edita

RBA Editores México, S. de R.L. de C.V. Av. Patriotismo 229, piso 8, Col. San Pedro de los Pinos, CP 03800, Deleg. Benito Juárez, Ciudad de México, México

Fecha primera publicación en México: marzo 2018.

Editada, publicada e importada por RBA Editores México, S. de R.L. de C.V. Av. Patriotismo 229, piso 8, Col. San Pedro de los Pinos, CP 03800, Deleg. Benito Juárez, Ciudad de México, México

Impresa en Liberdúplex, Crta. BV-2249, Km. 7.4, Pol. Ind. Torrentfondo 08791 Sant Llorenç d'Hortons, Barcelona

ISBN: 978-607-9495-24-4 (Obra completa)
ISBN: 978-607-9495-25-1 (Libro)

SUMARIO

INTRODUCCIÓN

Uno de los objetivos fundamentales de la neurociencia es comprender los mecanismos biológicos que subyacen en la actividad mental humana. Es indiscutible que el cerebro es el órgano más enigmático e importante del ser humano, ya que es irremplazable y sirve para gobernar nuestro organismo y conducta, así como para comunicarnos con otros seres vivos. El cerebro se podría definir como un bosque tupido, un terreno complejo y aparentemente impenetrable de neuronas cuya interacción da lugar a la cognición y al comportamiento. El gran desafío consiste en descubrir sus misterios; es decir, averiguar cómo están estructuradas y conectadas las neuronas como condición necesaria, aunque no suficiente, para entender la esencia de nuestra humanidad.

Desde un punto de vista biológico, acaso la pregunta cardinal sea: «¿Cuál es el substrato neuronal que hace que las personas sean humanas?», por lo que cabe preguntarse: «¿Quién soy yo?». Gracias al notable desarrollo y evolución del cerebro somos capaces de realizar tareas tan extraordinarias, complicadas y humanas como escribir un libro, componer una sinfonía o inventar el ordenador. Estas capacidades que distinguen al hombre de otros mamíferos están relacionadas directamente con la actividad de la corteza cerebral. Por ello, el estudio del cerebro, y en particular de la corteza cerebral, constituye el gran reto de la ciencia en las próximas décadas, ya que representa el fundamento de nuestra humanidad: ¿cómo se organizan los circuitos neuronales para que emerjan del cerebro estas capacidades? ¿Existen neuronas exclusivamente humanas?

Millones de años de evolución nos han dotado con un órgano increíblemente complejo, un inmenso mundo microscópico de procesamiento de información y de emisión de señales que no solo sirve para gobernar nuestro organismo, sino también para controlar nuestra conducta y poder comunicarnos con otros seres vivos.

Una clave del éxito del cerebro humano está en su plasticidad, su capacidad de cambiar y perfeccionar su actividad mental para adaptarse anatómica y funcionalmente al entorno. Para explicar cómo esta capacidad de adaptación ha posibilitado la evolución de la sociedad suele citarse el ejemplo de las neuronas espejo, así denominadas porque se activan cuando realizamos una acción, pero también cuando vemos a otra persona realizando esa misma acción. Las neuronas espejo ofrecen así un mecanismo neuronal de imitación y empatía que favorece la expansión de conquistas humanas como la cultura, el lenguaje o la tecnología.

Hoy los frentes abiertos en el estudio del cerebro son muy variados, y pertenecen a diversos niveles: por un lado se centran en las moléculas, los genes, las neuronas y las sinapsis; por otro, en los circuitos neuronales locales, las conexiones entre las distintas regiones cerebrales y, por último, en la relación de todas estas partes para actuar como una unidad combinada. El paso de un nivel a otro es gigantesco, pero los avances en neurociencia están permitiendo crear el armazón intelectual necesario para explorar las funciones mentales y dar respuestas a preguntas esenciales de extraordinaria complejidad, como, por ejemplo, cómo se regula nuestra vida emocional.

El objetivo fundamental de las investigaciones es alcanzar una comprensión plena del cerebro que nos permita reparar los estragos de enfermedades neurodegenerativas o trastornos neuropsiquiátricos, y nos muestre, en última instancia, cómo podemos potenciar nuestras capacidades intelectuales o motoras.

Las bases del conocimiento que hoy nos impulsa hacia esa comprensión se sentaron a lo largo del siglo XIX y principios del XX. Los avances en microscopía óptica y métodos anatómicos, así como el progreso en los estudios funcionales del sistema nervioso, nos permitieron no solo desarrollar nuestros conceptos actuales sobre la función y la fisiología del cerebro, sino también comenzar a explicar la especialización funcional mediante la especialización estructural.

El camino a través del bosque neuronal se abrió gracias a un avance fundamental en las técnicas histológicas, la llamada *reazione nera* (reacción negra), un método de tinción inventado por Camillo Golgi en 1873 que reveló por primera vez la morfología prácticamente completa de las neuronas. La tinción de Golgi fue un avance técnico que casi de la noche a la mañana cambió el curso de la neurociencia, al permitir el estudio del trazado de las conexiones entre neuronas o circuitos neuronales. Este método, unido a la genialidad de Santiago Ramón y Cajal en la interpretación de las imágenes microscópicas, hizo posible el comienzo del estudio sistemático y detallado de la estructura y función del sistema nervioso.

Junto a este avance fundamental, también fueron esenciales las aportaciones de científicos, como Alan Hodgkin y Andrew Huxley, que describieron el mecanismo del potencial de acción; Otto Loewi y su descubrimiento de los neurotransmisores; David Hubel y Torsten Wiesel, que cartografiaron el funcionamiento cerebral de la visión; o Eric Kandel, que comenzó a definir el código neuronal al desentrañar los mecanismos moleculares de la memoria.

Estos conocimientos, unidos al gran desarrollo de las técnicas de neuroimagen, han impulsado el progreso en el mapeo del cerebro mediante tres grandes vías de investigación: la conectómica, que persigue trazar el mapa completo de las conexiones neuronales; la cartografía de la actividad cerebral, que busca capturar el tráfico del impulso nervioso; y la simulación completa del cerebro humano en un ordenador, probablemente el ejercicio de ingeniería inversa más desafiante de la historia.

Este tercer campo, la neurociencia computacional, está adquiriendo cada vez mayor preponderancia, como demuestra la proliferación de ambiciosos proyectos de carácter internacional como el Human Brain Project, la iniciativa BRAIN o el modelo Spaun. Parece evidente que para crear un cerebro artificial no es suficiente con replicar cada una de sus partes o sistemas modulares con sus conexiones, sino que es necesario conocer el funcionamiento computacional de cada una de estas partes por separado para aprender cómo se generan comportamientos complejos y cómo estos sistemas se integran en una unidad, el cerebro. De este modo, se han creado modelos para estudiar cómo se implementan las tareas computacionales a nivel de redes neuronales y cómo de estas redes emergen funciones complejas.

Los modelos son útiles para estudiar ciertos aspectos del funcionamiento del cerebro, pero su comprensión completa requiere conocer todos los elementos del sistema, incluidos el mapa de conexiones sinápticas y el tráfico de actividad. Solo así podremos desentrañar el contenido de estas cajas negras y pasar de la «arquitectura cerebral negra» a una «arquitectura cerebral detallada».

A pesar de que aún es mucho lo que resta por conocer, el estado de la neurociencia actual ya permite realizar múltiples intervenciones en el cerebro para reparar los daños provocados por lesiones o enfermedades. En este sentido, la tecnología ha desplegado un gran abanico de posibilidades que van desde la estimulación transcraneal eléctrica o magnética, que permite actuar sobre las corrientes eléctricas del cerebro desde el exterior del cráneo, a la estimulación cerebral profunda, que mediante electrodos implantados en el cerebro ha mejorado la vida de miles de enfermos de párkinson.

El avance en paralelo de las tecnologías moleculares ha abierto otra vía innovadora, la optogenética, que posibilita la activación e inhibición a voluntad de neuronas individuales. Pero uno de los campos con más futuro en la reparación y potenciación de nuestras funciones es la biónica cerebral. En los últimos años, el encuentro entre biología y electrónica ha impulsado el desarrollo de sofisticados implantes cerebrales, que permiten desde restaurar sentidos hasta recuperar la movilidad. Estos avances se deben en gran parte al progreso en la creación de interfaces cerebro-ordenador (BCI) cada vez más complejas que quizás, en un futuro, pongan al alcance de nuestra mano el sueño de romper los límites de nuestras capacidades naturales para mejorar el rendimiento de nuestro cerebro.

Aunque todavía estamos lejos de saber cómo el cerebro genera nuestra mente y es escaso el conocimiento detallado sobre la organización funcional y estructural del bosque neuronal humano, tenemos motivos para ser optimistas. El desarrollo exponencial de la ciencia durante los siglos XIX y XX ha propiciado que en tan solo unas pocas décadas de investigación hayamos alcanzado unos niveles de conocimiento sobre el cerebro que son espectaculares. Aun así muchos científicos siguen siendo escépticos, sin detenerse a pensar en el futuro, en que nosotros solo estamos en un punto inicial de la historia de la neurociencia.

Javier DeFelipe

Director del proyecto Cajal Blue Brain

01

HACIA LA CONQUISTA DEL CEREBRO

El cerebro es nuestro órgano más complejo y misterioso. Durante años se ha mantenido infranqueable a los embates de los científicos, pero los avances más recientes en neurociencia invitan a pensar que algún día seremos capaces de descifrar sus secretos, comprender su funcionamiento e incluso potenciar sus funciones.

Los secretos de nuestra naturaleza, nuestros anhelos, esperanzas y miedos, nuestras memorias y proyecciones futuras se esconden en un órgano de apenas un kilo y medio que por su complejidad bien puede equipararse al universo. El cerebro despliega en sus inmensos y desconocidos dominios —explorables a una escala de micrómetros, y no de años luz—, un rico mundo microscópico donde a cada paso lo pequeño se vuelve vasto. De él emergen nuestras funciones mentales, pero también nuestra conciencia o nuestra conducta.

Pero ¿cómo interactúan sus minúsculos componentes para dar lugar a la mente? ¿Cómo logran generar todas las funciones que nos hacen profundamente humanos? ¿De dónde surge la conciencia? Durante años el cerebro ha eludido todos los intentos de los científicos por explicar satisfactoriamente cómo surgen estas facultades. Y a día de hoy estas preguntas continúan planteando uno de los mayores desafíos de la ciencia. Su naturaleza plástica y dinámica, que hace que esté en continua evolución y movimiento, añade dificultad a la inmensa tarea de entender, si quiera, su estructura.

Sin embargo, en los últimos años la humanidad ha decidido conquistarlo en una auténtica aventura desde lo grande y visible hacia lo pequeño y diminuto. Si el siglo XX culminó con el mapeo del genoma, muchos científicos avanzan que el mayor desafío del siglo XXI será cartografiar y comprender el cerebro.

> Tú, tus recuerdos y ambiciones, no son más que el comportamiento de un vasto ensamblaje de neuronas y sus moléculas.
>
> FRANCIS CRICK

Los sorprendentes avances y aportaciones realizados en distintas disciplinas, que van desde la biología molecular a la informática, han confluido propiciando el gran despegue de la neurociencia: nunca antes habíamos tenido tanta información, ni tan precisa, sobre el cerebro humano. Las nuevas tecnologías desarrolladas nos han permitido escrutar al detalle y a la vez aumentar la escala del análisis de nuestro cerebro, de modo que cada vez contamos con un mayor conocimiento de sus componentes y su actividad. Proyectos como el estadounidense BRAIN (siglas, del inglés, que significan Investigación del Cerebro a través del Avance de Neurotecnologías Innovadoras) tratan de capturar una foto dinámica de la actividad cerebral y crear un atlas detallado de nuestra mente que nos permita entender cómo pensamos, aprendemos o recordamos. Otros, como el europeo Human Brain Project, abordan el mismo problema desde la modelización matemática: su objetivo no es realizar una caracterización empírica del cerebro, sino simular su funcionamiento en un ordenador. En otro orden, el Human Connectome Project, impulsado también por Estados Unidos, trabaja para obtener un mapa detallado de las conexiones que se dan entre las neuronas del cerebro, lo que se conoce como conectoma.

Estas y otras iniciativas científicas nos hacen pensar que en unos años quizá seamos capaces de visualizar con todo detalle la actividad del cerebro —o siquiera de gran parte de sus circuitos neuronales—, y de desarrollar una teoría general que conecte los

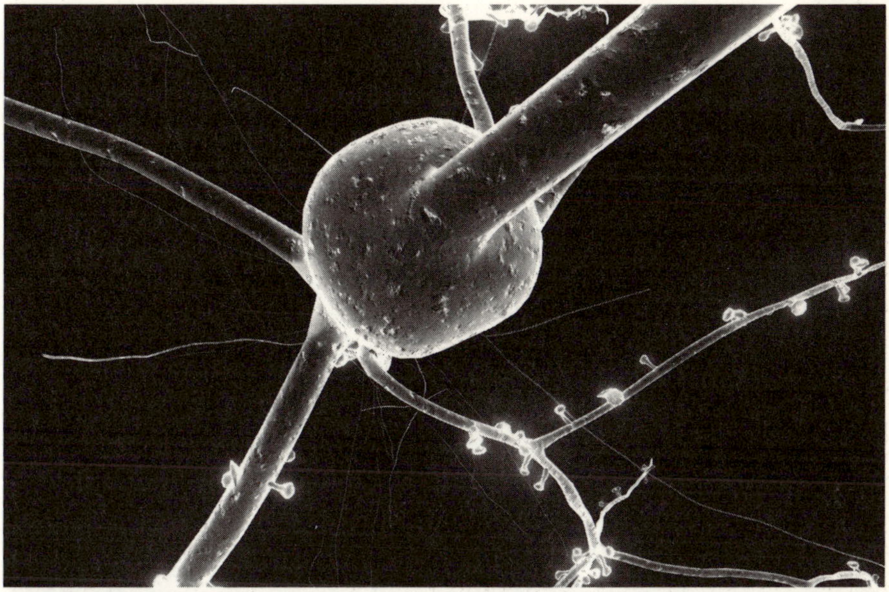

— Arriba, modelo 3D de una neurona desarrollado por los investigadores del Blue Brain Project. Abajo, mapa de la red de conexiones neuronales del cerebro o conectoma, descrito por el Human Connectome Project.

conocimientos acumulados y nos permita dar un salto cualitativo en su comprensión.

Descifrar el funcionamiento de nuestra mente o, cuando menos, de las redes neuronales que se activan durante cada una de nuestras actividades mentales, nos permitiría combatir muchas de las enfermedades neurodegenerativas hoy en aumento por el envejecimiento progresivo de la población, como el alzhéimer o el párkinson; corregir los defectos que originan las enfermedades neurológicas y mentales más comunes; restaurar funciones perdidas, como la vista o el oído, mediante tecnologías cada vez más precisas, y ampliar nuestras capacidades cognitivas, de forma certera, con implantes cerebrales que nos brinden nuevas y fascinantes posibilidades.

Las innovaciones científicas y tecnológicas de los últimos años ya han hecho posibles unas intervenciones sobre el cerebro que eran ciencia ficción hace un par de décadas: desde dispositivos neuronales que permiten a los enfermos de párkinson dejar de temblar, hasta neuroimplantes que devuelven la capacidad auditiva o motora. Esto ha provocado que muchos investigadores abran los ojos a las posibilidades de la biónica cerebral, un campo de investigación en pleno auge y desarrollo.

EL ÓRGANO MÁS COMPLEJO DEL UNIVERSO

El cerebro es el órgano más enigmático que conocemos en el universo. Quizá por este motivo es el único órgano del cuerpo humano cuyo funcionamiento aún escapa a nuestra comprensión. Las cifras que lo describen son astronómicas: sus 100 000 millones de neuronas utilizan hasta 19 000 de los 30 000 genes que componen el genoma humano, y se enlazan entre sí formando 1000 millones de conexiones por cada milímetro cúbico de corteza cerebral. Cada neurona se conecta con una media de otras mil, formando millones de circuitos lineales, que a su vez se entrecruzan en redes complejas de número desconocido. Todo el sistema se organiza en distintos niveles ordenados jerárquicamente (fig. 1 en la página 21), pero dependientes unos de otros: desde lo más básico, las moléculas, pasando por la célula, los circuitos neuronales y sus redes, hasta llegar al nivel superior, el funcionamiento de la mente y el comportamiento.

La complejidad de este sistema, cuya actividad genera procesos mentales que aún no atisbamos a comprender, como el lenguaje, la imaginación y la conciencia ha llevado a que muchos científicos se sirvan de metáforas para tratar de describirla. «El jardín de la neurología brinda al investigador espectáculos cautivadores y emociones artísticas incomparables», escribió el español Santiago Ramón y Cajal, padre de la neurociencia moderna. La analogía del jardín, basada en el aspecto ramificado de las neuronas, plasma los procesos de crecimiento y florecimiento que tienen lugar durante el desarrollo del sistema nervioso en el embrión.

Una segunda metáfora, muy contestada por los neurocientíficos, propone que el cerebro es un ordenador. La crítica se debe a las importantes diferencias que existen entre ambos: si bien en el ordenador el cableado del *hardware* es físicamente rígido, su equivalente en el cerebro (las conexiones neuronales) es flexible y va cambiando a lo largo de la vida del individuo, y en función de su actividad cerebral: por ejemplo, la memoria a largo plazo se almacena gracias a la formación y el refuerzo de nuevas conexiones entre neuronas. En todo caso, la metáfora es útil en tanto que las neuronas son procesadores biológicos que reciben y transmiten señales y realizan operaciones computacionales, aunque con un lenguaje analógico muy diferente del digital de los ordenadores.

La tercera metáfora, nuevamente artística, propone que el cerebro es una orquesta, compuesta por redes dinámicas de neuronas que actúan en concierto como los músicos de una orquesta; su resultado, el pensamiento, sería la sinfonía interpretada.

La última metáfora, también de Ramón y Cajal, es geográfica. «El cerebro es un mundo que consta de numerosos continentes inexplorados y grandes extensiones de territorio desconocido», escribió el neurocientífico. Ciertamente, el cerebro contiene tres grandes regiones (cerebro anterior, tronco del encéfalo y cerebelo), subdivididas a su vez en cientos de áreas menores con funciones muy variadas que originan una orografía de exquisito detalle.

Una metáfora que combinara todas las anteriores resultaría en una especie de internet, una red de redes formada por miles de millones de ordenadores conectados compartiendo señales en un lenguaje propio. Pero del mismo modo que internet y los ordenadores convierten complicadas programaciones y arquitecturas en información que podemos entender fácilmente, como una página de la Wikipedia, los productos finales del cerebro son pensamientos, recuerdos, emociones o sensaciones; en definitiva, la mente. Y entender la mente es el fin último del estudio del cerebro.

Pero más allá de las metáforas, ¿qué sabemos sobre la estructura del cerebro? ¿Cuáles son sus componentes? ¿Cómo se interrelacionan y generan las cadenas de eventos de las que emergen los procesos mentales?

UN PASEO POR EL REINO DEL CEREBRO

Para entender el cerebro hay que adentrarse en ese territorio aún ignoto que subyace a nuestra mente. Un órgano sofisticado que a lo largo de la evolución se ha ido replegando para encerrar toda su complejidad bajo un cráneo de unos 1500 cm^3. Aunque los neurocientíficos llevan años explorando sus distintos niveles el mapa que tenemos de él aún guarda numerosas lagunas. Tenemos un conocimiento básico de sus componentes más pequeños, y también de buena parte de sus principales regiones; pero en lo que concierne a las capas intermedias, aún queda mucho por descubrir. Es decir,

FIG. 1

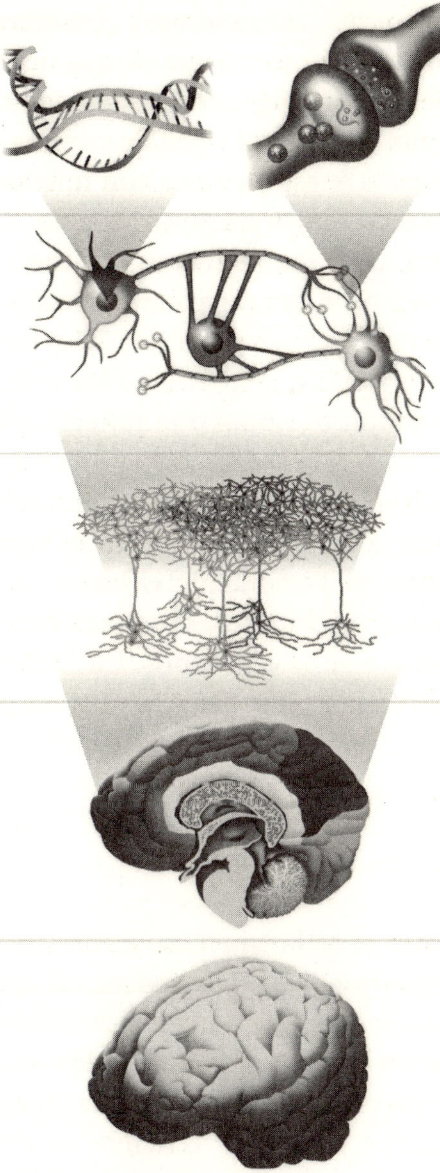

Nivel molecular
Implica el ADN de las neuronas y los neurotransmisores y proteínas que propagan el impulso nervioso a través de la sinapsis.

Nivel celular
Refiere a los distintos tipos de células cerebrales, sus distintas morfologías y funciones dentro del sistema nervioso.

Nivel de redes neuronales
Las neuronas se agrupan y conectan formando redes neuronales, que se activan para realizar determinadas funciones.

Nivel funcional
Las redes neuronales se integran en distintas regiones cerebrales, en muchos casos vinculadas a una función específica.

Cognición y comportamiento
El cerebro procesa la información sensorial y el movimiento, y gestiona los procesos cognitivos, las emociones o el comportamiento.

El cerebro es un sistema complejo que se organiza en distintos niveles jerárquicamente ordenados y relacionados entre sí.

conocemos cómo funcionan las células individuales, la microescala del mapa, y también la macroescala, las áreas del cerebro. Pero todavía no acertamos a comprender los mecanismos que operan en el medio o mesoescala: las interconexiones que establecen las neuronas para formar redes, y las computaciones que se producen en estas redes para dar lugar a nuestras funciones mentales. En este apartado viajaremos desde la intrincada jungla celular a los distintos módulos y regiones de la anatomía cerebral, para mostrar a grandes rasgos cómo se estructura y funciona el cerebro.

Un complejo mundo microscópico

A simple vista, el cerebro humano parece un órgano flácido, pálido y gelatinoso; tan frágil y delicado, que hasta una corriente de agua con un poco de fuerza podría deshacerlo fácilmente. Sin embargo, bajo sus rugosos muros se esconde un complejo bosque microscópico que da lugar a todas aquellas funciones que nos hacen humanos. Todo lo que somos, la forma en que pensamos, expresamos nuestras ideas, sentimos o percibimos el mundo radica en algo tan minúsculo como la neurona, el árbol más poderoso de este bosque. Y más allá de su individualidad, y de forma fundamental, en cómo esta se conecta e interactúa con otras para transmitir el impulso nervioso y computar las respuestas que rigen nuestra conducta.

Sebastian Seung, neurocientífico de la Universidad de Princeton, denomina a la neurona, de forma divertida, «célula poliamorosa», ya que, desde su redondo cuerpo o soma —donde encierra el núcleo y la maquinaria metabólica necesaria para la vida— extiende un profuso conjunto de ramificaciones con las que abraza a otros miles de neuronas.

Estas ramificaciones pueden ser de dos tipos: las dendritas, más cortas y gruesas, que coronan el cuerpo de la neurona y actúan como receptoras del impulso nervioso, y el axón, largo y delgado, que puede extenderse hasta otras regiones y actúa como transmisor del impulso.

Así, cuando el impulso nervioso viaja de una neurona a otra, lo hace gracias a la conexión que se establece entre el axón de la neurona que transmite la señal y la dendrita de la neurona que la recibe. Esta, sin embargo, no es una conexión directa. Entre los extremos de una y otra célula se abre un diminuto espacio vacío llamado *sinapsis*. Como ocurre en los cables de la luz, la electricidad no puede transmitirse si hay un corte en el circuito. Para salvar la hendidura, el botón sináptico, situado en el extremo del axón, libera unas moléculas llamadas *neurotransmisores*, que atraviesan el espacio sináptico hasta unirse a unos receptores situados en el extremo de la dendrita, o espina dendrítica. Esta unión activa la neurona receptora para que continúe transmitiendo el impulso recibido.

Este proceso, aparentemente sencillo, constituye la base de nuestra actividad cerebral, ya que gracias a él, las neuronas se conectan formando redes capaces de procesar y computar las señales para generar respuestas. Probablemente, en estos mecanismos reside la razón de la existencia del cerebro, cuyo papel es ensamblar las miles de redes neuronales que subyacen a los procesos característicos de la mente. Pero ¿cómo es el soporte físico de nuestra mente?

La anatomía del cerebro

Una buena descripción del aspecto del cerebro es la que hace la divulgadora científica Rita Carter: «el cerebro humano tiene el tamaño de un coco, la forma de una nuez, el color del hígado sin cocer y la consistencia de la mantequilla fría». Situado en el encéfalo, junto con el tronco encefálico y el cerebelo, el órgano que gobierna nuestro sistema nervioso, está formado por distintos módulos, cada uno de ellos con funciones específicas, pero tremendamente interactivos e interdependientes entre sí.

> LA NEURONA Y EL IMPULSO NERVIOSO

Nuestra capacidad para pensar, sentir, movernos o recordar depende de algo tan minúsculo como las neuronas. Estas células nerviosas son procesadores biológicos únicos, que codifican, transmiten y computan la información necesaria para que realicemos nuestras funciones a través del impulso nervioso. Expresado en forma de señales eléctricas, este recorre el axón neuronal a más de 100 metros por segundo y se propaga a otras neuronas a través de las sinapsis, el espacio que conecta a unas neuronas con otras.

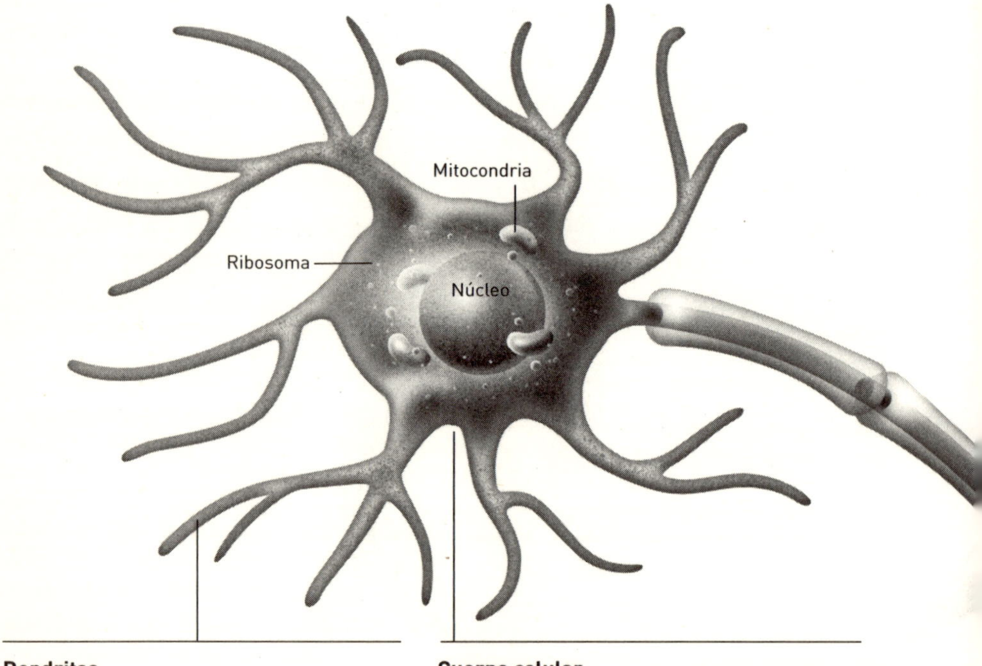

Dendritas
Estas prolongaciones nerviosas parten del cuerpo de la célula y actúan como receptoras del impulso nervioso. Es decir, capturan las señales eléctricas del axón de otras neuronas.

Cuerpo celular
En él se encuentran muchos elementos celulares, como las mitocondrias, los ribosomas o el núcleo, que alberga el ADN. Este contiene las instrucciones para fabricar las proteínas que determinan la forma y función de la célula.

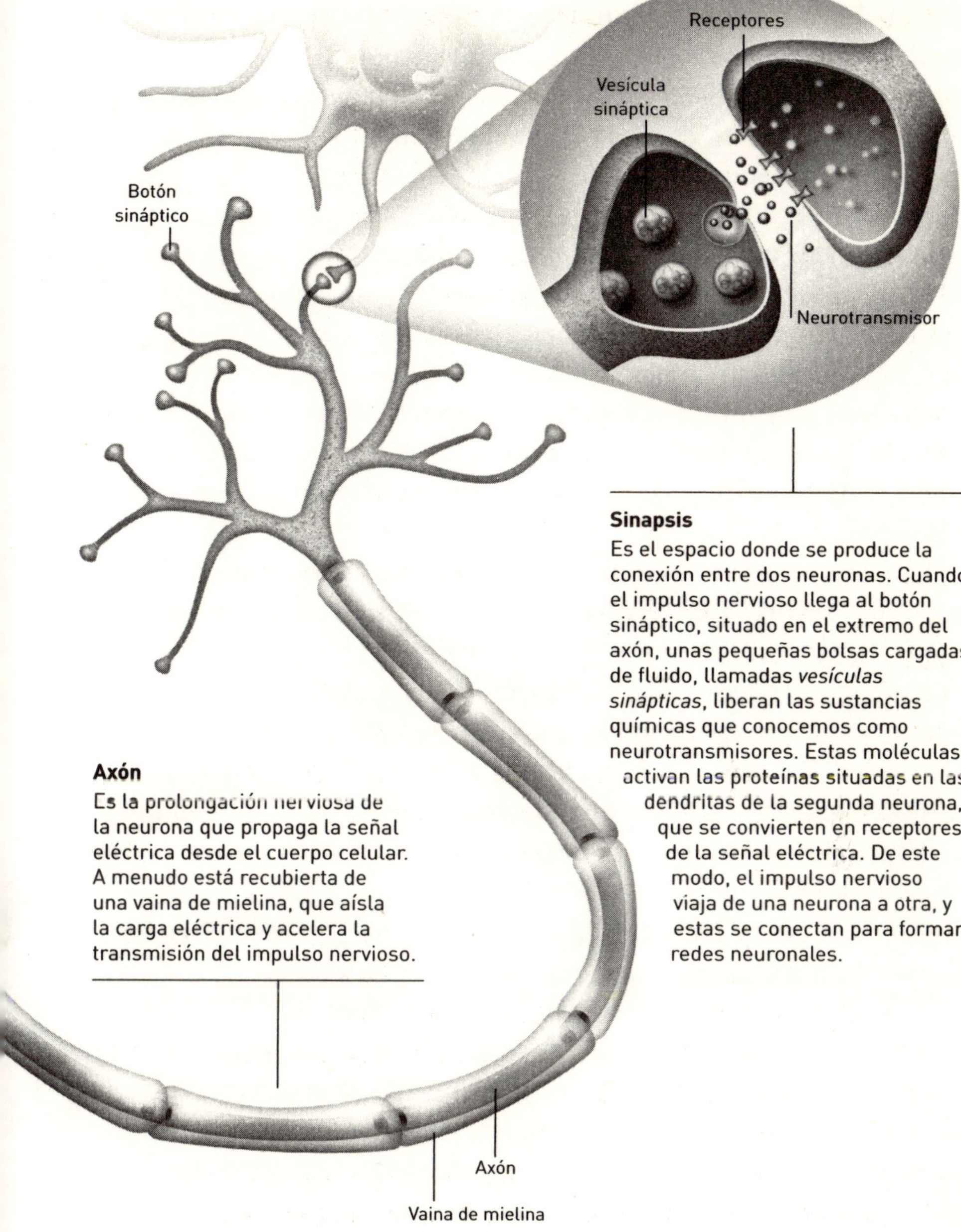

Sinapsis

Es el espacio donde se produce la conexión entre dos neuronas. Cuando el impulso nervioso llega al botón sináptico, situado en el extremo del axón, unas pequeñas bolsas cargadas de fluido, llamadas *vesículas sinápticas*, liberan las sustancias químicas que conocemos como neurotransmisores. Estas moléculas activan las proteínas situadas en las dendritas de la segunda neurona, que se convierten en receptores de la señal eléctrica. De este modo, el impulso nervioso viaja de una neurona a otra, y estas se conectan para formar redes neuronales.

Axón

Es la prolongación nerviosa de la neurona que propaga la señal eléctrica desde el cuerpo celular. A menudo está recubierta de una vaina de mielina, que aísla la carga eléctrica y acelera la transmisión del impulso nervioso.

A simple vista, puede apreciarse su división en dos hemisferios, el izquierdo y el derecho, conectados por un gran cable central llamado *cuerpo calloso*, que comunica e intercambia información entre los dos. Cada mitad del cerebro se divide en cuatro lóbulos: el occipital, el parietal, el temporal y el frontal, vinculados a distintos tipos de actividades (fig. 2).

En su superficie, podemos apreciar los característicos pliegues de la corteza o córtex cerebral, la capa que los recubre y que representa el 80 % del volumen total del cerebro humano. En ella residen los circuitos y redes neuronales que llevan a cabo las funciones más sofisticadas de la mente, como el lenguaje, el pensamiento, o la conciencia; y también los circuitos que realizan la mayor parte del procesamiento sensorial —casi la mitad de toda la corteza cerebral humana está dedicada al procesamiento visual— y el control motor.

Estos se inscriben en las distintas regiones que dibuja la cartografía del córtex, a las que se atribuye cierta especialización funcional. Las más abundantes son las vinculadas a la percepción. Las llamadas *áreas sensoriales* recogen la información que llega de los sentidos y se estructuran ordenadamente en función de la procedencia del estímulo en visuales, táctiles, auditivas o gustativas. También existen regiones que ejecutan los movimientos voluntarios (la corteza motora primaria), los seleccionan (las áreas motoras suplementarias), o deciden qué movimientos realizar (la corteza prefrontal), integrando instrucciones de otras partes del cerebro que transmiten reglas, expectativas o razonamientos.

Más allá de las regiones sensoriales y motoras, se extienden por el cerebro las llamadas *áreas de asociación*. Estas ocupan la mayor parte de la corteza cerebral y su función es integrar y procesar la información sensorial para generar percepciones conscientes que, contrastadas con la memoria, nos permitan evaluar el entorno, producir pensamientos abstractos y realizar predicciones. En definitiva, gracias a estas áreas somos capaces de desarrollar proce-

FIG. 2

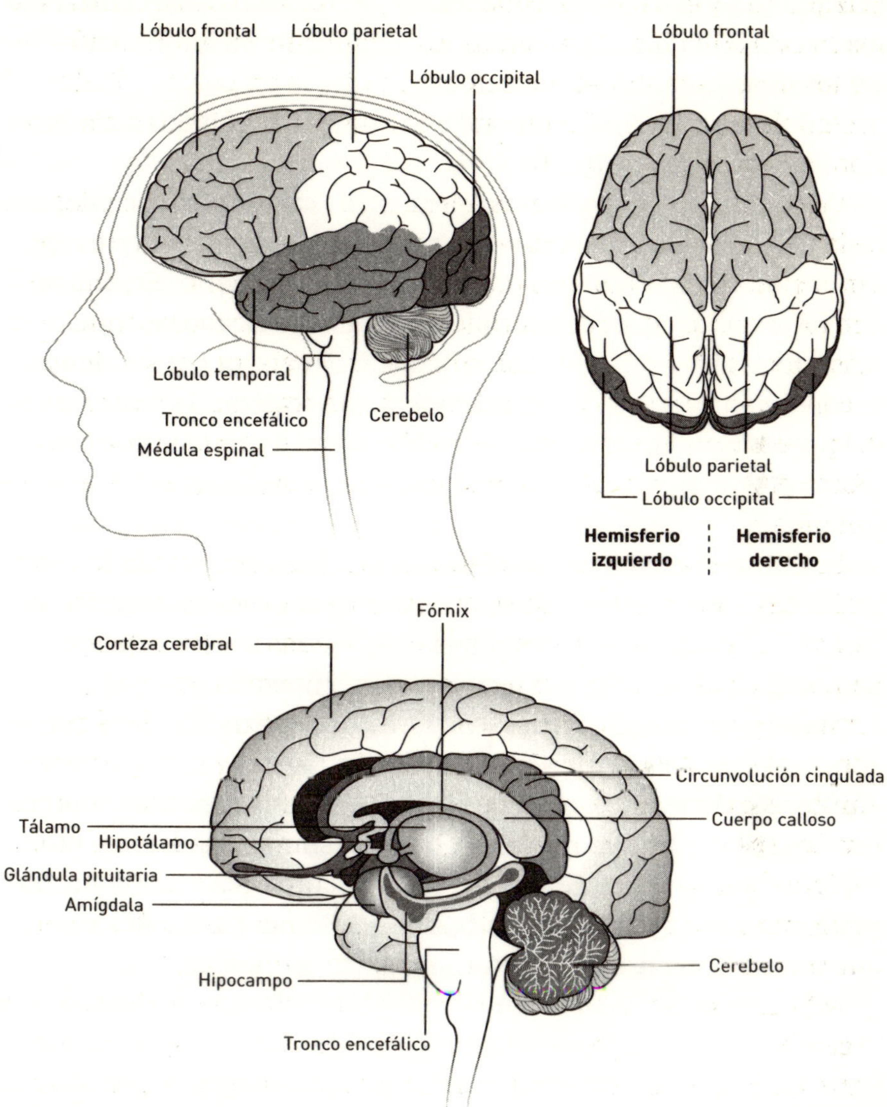

Lámina que ilustra las principales divisiones del cerebro (hemisferios, lóbulos), así como las regiones y módulos principales de su anatomía.

sos cognitivos fundamentales como razonar, planificar, comunicarnos mediante el lenguaje, o tomar decisiones en base a nuestra experiencia. Es donde emergen las llamadas *funciones superiores* del cerebro.

Quizá no tan sofisticadas, pero no menos vitales, son las funciones que dependen de los circuitos situados más allá de la corteza cerebral. En la base del cerebro se encuentran los ganglios basales, que también participan en el movimiento —concretamente, en la regulación de aspectos involuntarios del mismo—, aunque sus funciones clásicas están relacionadas con la motivación y la recompensa.

Junto a ellos se localiza el sistema límbico, encargado de regular nuestros impulsos más básicos: aquellos que no controlamos de forma voluntaria, pero que nos afectan profundamente, como el hambre, la memoria, las emociones o la sexualidad. Este sistema engloba estructuras como el hipocampo, ligado a la memoria; la amígdala, que regula las respuestas emocionales; o el hipotálamo, implicado, junto con la glándula pituitaria, en el mantenimiento homeostático del cuerpo (regulación de la temperatura corporal, la respiración, el corazón y el sistema gastrointestinal).

Todos estos componentes y regiones de la anatomía cerebral, así como los mecanismos que los gobiernan desde el mundo microscópico, constituyen los engranajes más básicos del cerebro. Sin embargo, por sí mismos, no explican cómo somos capaces de soñar, recordar, pensar o amar. En los últimos años, los científicos han avanzado a toda velocidad en la exploración del cerebro. Pero ¿en qué punto del conocimiento estamos? ¿Cuál es el camino que nos queda por recorrer?

LOS RETOS DE LA NEUROCIENCIA

Parafraseando al estadista británico Winston Churchill podríamos decir que «Esto no es el final, ni siquiera el comienzo del final; estamos, más bien, al final del comienzo». Es decir, nunca habíamos sabido tanto sobre el cerebro, y ese tanto constituye hoy un sólido punto de partida para una aventura que promete guiar a los científicos hacia las profundidades de la mente. Sin embargo, para llegar a la meta, son varios los retos a alcanzar.

El gran bosque de las neuronas

Hoy conocemos las principales características de las neuronas, también las bases fundamentales de su funcionamiento, y que se comunican y conectan con otras neuronas. También sabemos que existen distintos tipos de ellas (fig. 3)— ya se han identificado más de cincuenta—, aunque los científicos calculan que aún existen cientos, si no miles, por catalogar. Cada tipo de neurona se diferencia no solo por su morfología, sino también por su contenido molecular y por su localización en el cerebro, que en muchos casos determina también su función. A día de hoy los científicos han descrito más de 150 áreas cerebrales distintas, cada una implicada en una o más funciones cerebrales específicas: percepción sensorial, organización motora, emoción, motivación, consciencia, memoria... Sin embargo, este mapa funcional aún está dibujándose.

En definitiva, identificar y clasificar los distintos tipos de neuronas que existen es una tarea ardua y compleja. Si atendemos a su morfología, esta puede ser tan variada como la cantidad, tamaño y forma de sus elementos característicos; por ejemplo, la sinapsis y su distribución por la célula. Otro factor diferencial es el molecular. La gran diversidad de neurotransmisores que existe —hoy se conocen más de cien— también guarda correlación con la diversa tipología de las neuronas. En función del tipo de neurona, varían los neurotransmisores que utilizan y cómo responden a ellos. A su vez, esto viene determinado por los receptores que poseen, y por otras moléculas que participan en la señal de los neurotransmiso-

FIG. 3

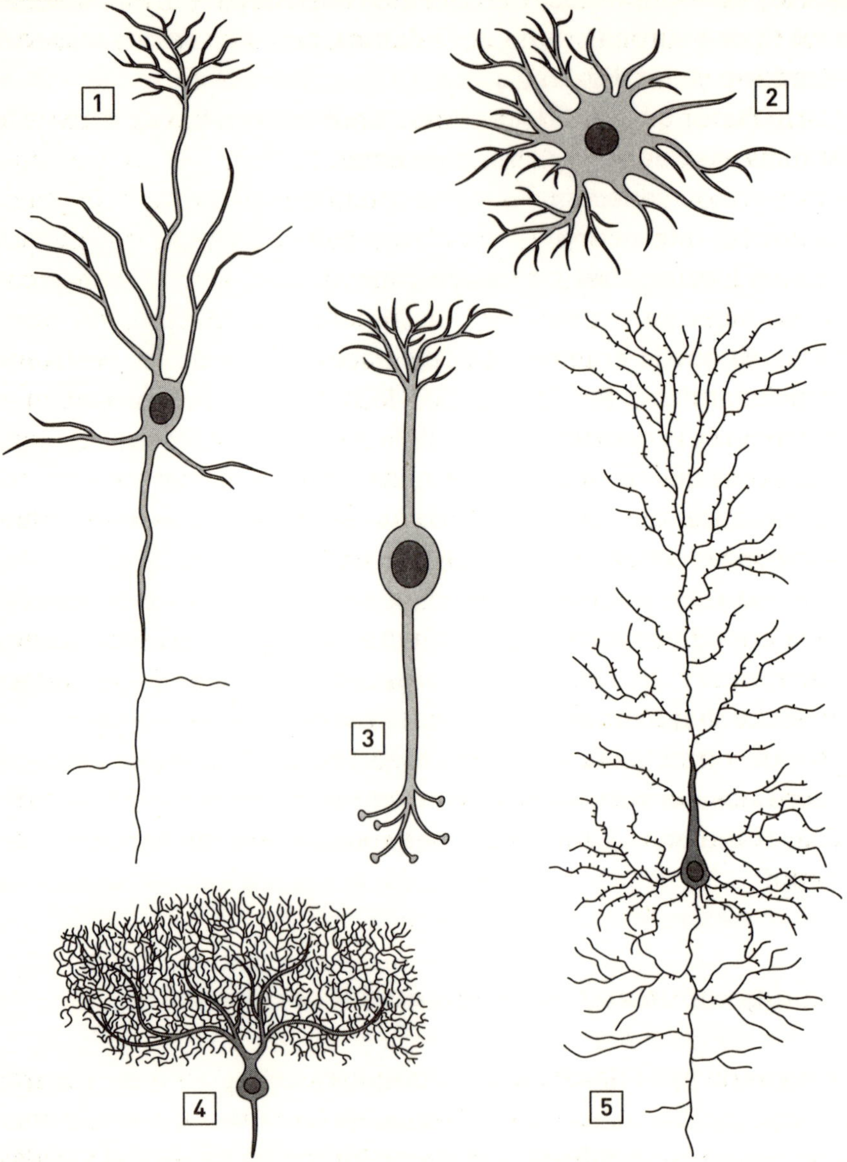

Algunos tipos de neuronas: (**1**) célula mitral del bulbo olfatorio, (**2**) célula motora de la médula espinal, (**3**) célula bipolar de la retina, (**4**) célula de Purkinje del cerebelo y (**5**) célula piramidal de la corteza cerebral.

res. Hoy conocemos los fundamentos básicos del perfil molecular de los tipos neuronales más abundantes, pero aún no se han caracterizado en su totalidad.

Otro factor que distingue a unos tipos neuronales de otros es la distancia a la que envían sus conexiones. Por ejemplo, las neuronas de proyección conectan con otras situadas a gran distancia, mientras que las interneuronas se enlazan con otras vecinas formando circuitos locales. Este patrón de conectividad, que los científicos aún no aciertan a descifrar, desempeña sin embargo un papel crucial, ya que la arquitectura de enlaces que establece determina el funcionamiento del sistema nervioso. La unidad funcional en el cerebro no es la neurona aislada ni la región cerebral, sino las complejas redes que forman las neuronas tanto en sus cercanías como en áreas distantes. Y en el cerebro humano, todavía no conocemos el total de las conexiones de ninguna neurona.

En resumen, conocemos muchas de las variables que determinan la gran diversidad neuronal, pero catalogar los distintos tipos de neuronas y sus correspondientes funciones y modo de interacción sigue siendo uno de los grandes retos de la neurociencia.

No obstante, el rápido avance de las tecnologías aplicadas al cerebro nos permite adoptar una actitud optimista y pensar que, quizá, completar el inventario neuronal es solo una cuestión de tiempo.

El código neuronal: el lenguaje del cerebro

Un segundo gran desafío en la conquista del cerebro es descifrar el código neuronal, es decir, el lenguaje que utilizan las neuronas para comunicarse. Sabemos que este idioma se basa en el impulso nervioso, expresado en forma de señales eléctricas. Y que el cerebro codifica y descodifica estas señales de forma constante para que podamos llevar a cabo cada una de nuestras actividades. Pero el gran reto consiste en explicar cómo estos patrones de codificación se convierten en funciones mentales, como recordar, sentir o pensar.

Cuando miramos un objeto o escuchamos un sonido, nuestros órganos sensoriales convierten ese estímulo en un impulso nervioso que viaja hasta al cerebro a modo de corriente eléctrica. Esta corriente eléctrica, conocida técnicamente como *potencial de acción*, es la portadora de la información. El cerebro la procesa y genera una respuesta que, codificada con el mismo lenguaje, transmite a los órganos implicados.

Pero ¿cuál es la gramática, la semántica y la sintaxis de este lenguaje? Es decir, ¿qué variables permiten al cerebro codificar informaciones diferentes? Hoy comprendemos los principios básicos de este código en las neuronas individuales. Estas codifican factores como, por ejemplo, el momento de la descarga eléctrica, su frecuencia o su patrón, o si son ráfagas o impulsos individuales. Pero aun así, ni siquiera sabemos si estas hablan un solo lenguaje o varios. Además, cada neurona solo puede transmitir en un momento determinado una sola señal, un potencial de acción. Y sin embargo, puede recibir distintas señales de entrada a través de sus sinapsis, por lo que debe integrarlas o computarlas para producir una única respuesta. ¿Cómo se produce esta computación? Y más aún: ¿podemos traducirla a un lenguaje que podamos manipular?

Algunas investigaciones, como el Sistema de Diseño de Ingeniería Neurológica desarrollado por la Agencia de Investigación de Proyectos Avanzados de Defensa estadounidense (DARPA), ya han centrado sus esfuerzos en intentar traducir el código neuronal a código binario, es decir, el expresado computacionalmente en unos y ceros. Así, este podría interpretarse y manipularse desde un ordenador. Esta posibilidad abriría la puerta al desarrollo de dispositivos neurales avanzados, capaces de comunicarse directamente con nuestro cerebro.

El entramado de la actividad cerebral

Conocer el código neuronal, sin embargo, no significa que seamos capaces de comprender la actividad del cerebro, así como comprender la lengua que habla una persona no quiere decir que entendamos sus acciones. La actividad cerebral es mucho más compleja y los principios que rigen su funcionamiento constituyen hoy otro de los grandes enigmas de la neurociencia. Como en el resto de los desafíos abordados cada día contamos con más datos para descifrarla.

Sabemos que la actividad cerebral se basa en gran medida en la activación de conjuntos de neuronas que se conectan en redes neuronales para llevar a cabo una determinada función. Al igual que las neuronas computan información de manera individual, también lo hacen de manera conjunta a través de las redes neuronales. Sin embargo, sus mecanismos de computación aún escapan a nuestro entendimiento.

Por otro lado, y sumando un nivel más de complejidad, las redes neuronales integran su actividad en distintas regiones cerebrales, donde traducen los impulsos nerviosos en funciones sensoriales, motoras o cognitivas. Identificar el conjunto de redes neuronales que alberga el cerebro y, dilucidar, para cada una de esas redes, las funciones asociadas y los algoritmos de computación que llevan a cabo para ejecutarlas, constituye un gran reto.

Como ya hemos mencionado en este capítulo, hasta el momento los científicos han logrado registrar más de 150 áreas funcionales, es decir, zonas vinculadas a una función específica. Esto se debe al amplio desarrollo en las técnicas de neuroimagen, que permiten observar qué regiones del cerebro se activan cuando un individuo está realizando determinadas operaciones, como armar un rompecabezas o contestar a una pregunta. Aunque la resolución de las técnicas actuales, tanto espacial como temporal, es limitada, el desarrollo exponencial que está experimentando la tecnología lleva a pensar que en un futuro cercano podremos detectar la actividad cerebral en el orden de milisegundos y de forma fina en todas las regiones cerebrales relevantes. Obtener una imagen dinámica de la actividad cerebral nos permitiría desarrollar modelos teóricos que sintetizarán las computaciones que se producen en todos los niveles —sinapsis, neuronas, circuitos— y regiones del cerebro. De este modo, podríamos saber en última instancia cómo, cuándo y dónde intervenir los mecanismos del cerebro para reparar los circuitos implicados en las enfermedades mentales o neurodegenerativas, o incluso revertir el envejecimiento cerebral.

El conectoma: el mapa de carreteras del cerebro

Junto a esta imagen dinámica de la actividad cerebral, otro elemento que se ha revelado fundamental para comprender el funcionamiento de nuestro cerebro es el conectoma, es decir, el mapa global de las conexiones que establecen las neuronas en nuestro cerebro. Si la actividad cerebral es el tráfico neuronal que se produce en nuestra mente, el conectoma vendría a ser el mapa de carreteras por el que se desarrolla.

Los científicos ya han logrado cartografiar el conectoma de un gusano, *Caenorhabditis elegans*, pero este tan solo posee unas 300 neuronas y 7000 conexiones sinápticas. Estas cifras quedan muy lejos del vasto número de neuronas y conexiones que definen nuestro cerebro, pero gracias a su mapeo los científicos han podido conocer mejor el sistema nervioso y el comportamiento de este pequeño nematodo. Esto nos hace suponer que lo mismo ocurriría si lográramos cartografiar el conectoma humano, misión en la que ya se han embarcado proyectos como el estadounidense Human Connectome Project.

Conocer el mapa de conexiones del cerebro nos ayudaría a comprender cómo se conectan las neuronas para realizar cada función, cómo se activan los distintos circuitos cerebrales y cómo estos interactúan para dar forma, en última instancia, a nuestro comportamiento.

Sin embargo, hay que tener en cuenta que el conectoma no es una estructura rígida, sino que van cambiando con el tiempo en función de su propia actividad: las conexiones entre neuronas pueden romperse o reforzarse con el uso o el desuso, y determinadas regiones pueden asumir las funciones de otras o incluso potenciarse de forma natural para suplir una función alterada. Estos fenómenos responden a lo que denominamos plasticidad neuronal, que no es sino la capacidad del cerebro para modificarse y reestructurarse con el paso del tiempo.

Este escollo para el trazado de nuestro mapa, no obstante, confirma la idea de que modificar, restaurar y ampliar nuestras capacidades cognitivas no es una quimera. Si nuestro cerebro lo hace de manera habitual, quizá nosotros también podamos hacerlo. Solo tenemos que saber en qué circuitos debemos incidir y cuáles son los nodos clave que nos permitirían, en cada caso, intervenir para reparar o potenciar una determinada función.

AMPLIAR NUESTRAS CAPACIDADES COGNITIVAS: EL MAYOR RETO DEL FUTURO

Como hemos visto, el camino hacia la comprensión del cerebro está lleno de desafíos, pero también de esperanzas. Cada día tenemos un mayor conocimiento de sus componentes y mecanismos, y cada hallazgo abre nuevas puertas. Esto, unido a algunos avances que se han producido en los últimos años, nos hace pensar que en un futuro podremos hacer frente a muchas de las enfermedades neurodegenerativas hoy sin cura, restaurar funciones dañadas de nuestro cuerpo, e incluso ampliar algunas de nuestras capacidades mediante la tecnología.

Buena parte de estos avances proceden del campo de la bioquímica y la biología molecular. Gracias a los estudios sobre los fenómenos moleculares de la actividad neuronal emprendidos por Eric Kandel y Paul Greengard en las décadas de 1970 y 1980, hoy conocemos más a fondo los cambios bioquímicos que se producen en las neuronas y que determinan nuestra actividad cerebral.

Encender y apagar neuronas a voluntad

En el campo de la bioquímica de la neurona, se ha profundizado en el conocimiento de uno de los componentes moleculares claves del impulso nervioso: los canales iónicos. Cuando la corriente eléctrica llega al terminal sináptico y se produce la liberación de neurotransmisores, la aparición del potencial de acción en la neurona que recibe la señal se produce gracias a unas proteínas que se activan cuando el neurotransmisor se une al receptor. Estas proteínas se denominan canales iónicos.

Los canales iónicos son los encargados de transformar de nuevo la señal química de la sinapsis entre dos neuronas en un impulso eléctrico. Se trata de proteínas incrustadas en la membrana celular que actúan como tubos capaces de abrirse y cerrarse para dejar pasar un tipo concreto de átomo con carga eléctrica, por ejemplo iones de sodio, potasio o calcio. En estado de reposo, el interior de la célula posee una carga negativa relativa al exterior. Cuando la acción del neurotransmisor provoca la apertura de los canales de sodio, estos iones del exterior celular pasan al interior, lo que modifica el potencial de la membrana: su parte interna se vuelve menos negativa, o más positiva. Este cambio se conoce como despolarización y produce el potencial de acción en la neurona receptora.

El detallado conocimiento de la estructura y las funciones de estos minúsculos interruptores moleculares nos permite mani-

> EL CEREBRO ES PLÁSTICO

El cerebro no permanece inmutable a lo largo de la vida de una persona. Al contrario, está en continua transformación. Esta propiedad se denomina plasticidad y afecta a distintos niveles del cerebro, desde las sinapsis a las prolongaciones nerviosas de las neuronas o las regiones funcionales. A veces, viene provocada por la propia actividad cerebral. Un ejemplo de ello es la memoria a largo plazo: el almacenamiento de recuerdos duraderos se basa en la estabilización de los cambios en las conexiones neuronales, un mecanismo que posibilita que aprendamos durante toda nuestra vida. Estos cambios pueden deberse a variaciones en la fuerza de transmisión del impulso nervioso o a reordenaciones estructurales en las conexiones de las neuronas (las sinapsis se activan y desactivan). En otros casos, la plasticidad depende de modificaciones en los canales iónicos, unas proteínas implicadas en el disparo del impulso nervioso. Además, la plasticidad también se manifiesta a escalas mayores en el cerebro. En casos de lesiones cerebrales, las funciones afectadas pueden relocalizarse parcialmente en otras áreas. De este modo, se da una reorganización funcional de la corteza cerebral.

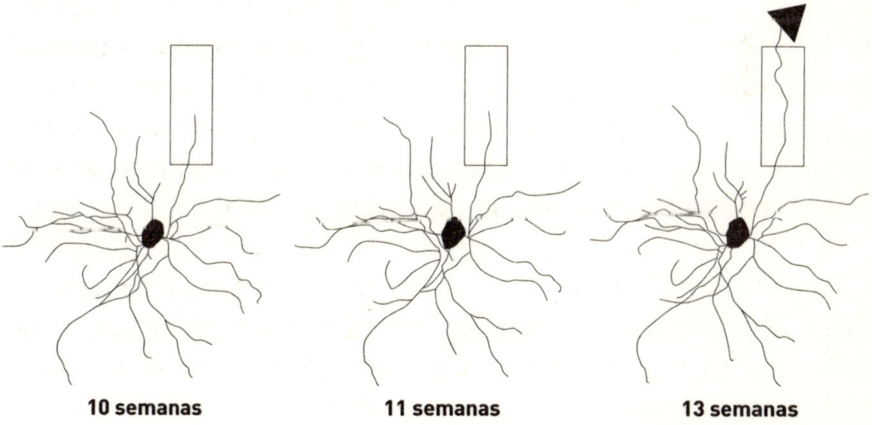

En esta muestra se observa cómo crece, en tan solo dos semanas, la rama dendrítica de una neurona situada en la corteza visual de un adulto.

pularlos para controlar algunas de nuestras funciones. Por el momento, los científicos ya han conseguido recrear los canales iónicos, modificados respecto a los naturales, para que su actividad pueda controlarse a voluntad. Lo han hecho a través de la optogenética, una nueva tecnología desarrollada a comienzos de este siglo por varios equipos de investigación, y que actualmente aún está en fase experimental en animales. Consiste en crear un canal iónico que lleva adosado un componente extra, una especie de interruptor molecular que se activa por la luz. Este canal se llama opsina, y puede ser de dos tipos: la canalrodopsina, que deja pasar iones con carga positiva al interior de la neurona, propagando el impulso nervioso; y la halorodopsina, que permite la entrada en la neurona de iones con carga negativa, lo que inhibe el impulso nervioso.

Cuando se introducen estos canales iónicos regulables en las neuronas de un ratón, un implante de fibra óptica en el cerebro del animal permite activarlos o desactivarlos usando luces de distinta longitud de onda o color: la luz azul activa la canalrodopsina y la amarilla, la halorodopsina.

Así, cuando la canalrodopsina se activa con luz azul, la neurona produce un potencial de acción y transmite el impulso; por el contrario, cuando se activa la halorodopsina con luz verde, se bloquea la transmisión de la corriente nerviosa. En otras palabras, la optogenética posibilita la creación de implantes cerebrales que pueden utilizarse para abrir o cerrar circuitos neuronales según se desee, y así activar o desactivar determinadas funciones.

Tecnologías que interactúan con nuestra mente

Junto a los progresos experimentados en la biología molecular, otro campo que ofrece constantes avances y que augura un buen futuro es el de la interacción cerebro-máquina. Dado que el objetivo de mejorar las capacidades cerebrales pasa por el uso de dispositivos físicos, se requiere disponer del *hardware* y el *software* adecuados. Pero este *hardware* y este *software* exceden los conceptos que normalmente entendemos de estos términos: cuando se trata de *hardware*, no hablamos solo de electrónica, sino del propio sustrato biológico del cerebro. Y en cuanto al *software*, no hablamos únicamente de programas informáticos, sino también del código empleado por las neuronas. Ambas caras de la moneda, la biológica y la electrónica, tienen que entenderse para hablar un lenguaje común, y aquí es donde el diseño de sistemas adecuados de interacción cerebro-máquina juega un papel fundamental.

> Todo hombre puede ser, si se lo propone, escultor de su propio cerebro.
>
> Santiago Ramón y Cajal

El estudio de los circuitos neuronales y sus patrones de actividad, y el progreso de la tecnología aplicada al cerebro han impulsado en los últimos años el desarrollo de sistemas cada vez más sofisticados para conectar nuestra mente a las máquinas. Los más representativos son las interfaces cerebro-ordenador (BCI por sus siglas en inglés), que tratan de abrir una vía de comunicación entre el cerebro y un dispositivo externo, que puede ser desde una prótesis, hasta un brazo robótico o una computadora.

Esta conexión puede establecerse a través de implantes cerebrales, capaces de leer las señales eléctricas de pequeños grupos de neuronas, o mediante componentes no invasivos, como un casco dotado de electrodos, que recoge la actividad cerebral de manera externa a través de la electroencefalografía (EEG). Una vez registrada, la información se transmite a un dispositivo externo.

Aunque llevan investigándose desde la década de 1970, las BCI han comenzado a dar sus primeros frutos a principios de este siglo. Especialmente en su campo de aplicación más destacado, el de las neuroprótesis enfocadas a restaurar los sentidos y el movimiento. En estos casos, el objetivo es que el paciente sea capaz de controlar miembros artificiales mediante la actividad cerebral. A día de hoy, ya se han producido importantes avances en este campo.

En 2002, el ingeniero y tecnólogo británico Kevin Warwick se implantó en el antebrazo un chip con una matriz de cien electrodos que registraban la actividad eléctrica de sus neuronas. La información era transferida a un ordenador, que transformaba los datos recogidos en órdenes de movimiento que, enviadas a un brazo robótico al otro lado del Atlántico, permitían que este imitara los movimientos de Warwick. El perfeccionamiento de esta tecnología ha permitido un control cada vez más fino. Así, en febrero de 2016, investigadores de la Universidad de Pittsburgh lograron que un paciente tetrapléjico ejecutara siete tipos de movimientos distintos con un brazo prostético gracias a un implante en la corteza motora de su cerebro. Los electrodos recogían las órdenes de movimiento generadas en el cerebro del paciente, que se transmitían al mecanismo del brazo para ejecutar movimientos de traslación, orientación y agarre.

Una cuestión importante en estos casos es que la comunicación entre cerebro y prótesis circule en ambos sentidos de modo que el cerebro no solo sea capaz de enviar órdenes al miembro, sino que este a su vez le devuelva información, como la sensación de tacto. También en este aspecto los científicos están abriendo el camino: en octubre de 2016, el equipo que dirige el neurocientífico e ingeniero biomédico Robert Gaunt en la Universidad de Pittsburgh consiguió que un paciente tetrapléjico sintiera el tacto a través de un brazo cibernético gracias a unos electrodos implantados en su corteza somatosensorial y conectados a los dedos del miembro artificial. Al tocar uno de los dedos, los sensores transmitían el tacto como una señal eléctrica a la zona de la corteza encargada de la sensación de tacto en ese dedo, lo que inducía en el cerebro del paciente una sensación de tacto similar a la real.

Más allá del campo de aplicación de las neuroprótesis, la investigación en BCI está desvelando nuevas posibilidades ligadas a la conexión del cerebro a un ordenador externo. En estos casos, el uso de la información cerebral registrada puede ser diverso. En el futuro, y este es uno de los objetivos de la potenciación cerebral, los datos obtenidos podrían traducirse para entender su significado original en la mente del sujeto. Un pensamiento o un recuerdo no son sino actividad neuronal, pero aún no sabemos cómo se traducen. Si llegáramos a conocerlo y a disponer de un *software* traductor, sería posible leer los pensamientos de una persona a través de su actividad cerebral, e incluso efectuar la traducción inversa para implantar esos mismos pensamientos en el cerebro de otro individuo. Del mismo modo, podríamos traducir un curso completo de idiomas o de un instrumento musical a lenguaje neuronal para transferirlo desde un ordenador a un implante colocado en nuestro cerebro. Basándose en la esperanza de alcanzar estos conocimientos, el tecnólogo y futurista Ray Kurzweil predice que a lo largo de este siglo podremos enviarnos correos electrónicos o fotografías directamente de cerebro a cerebro, y que guardaremos copias de seguridad de nuestros pensamientos o nuestra memoria.

Aunque la predicción de Kurzweil aún se antoja lejana, el campo de las BCI se está prodigando en avances que apuntan hacia ese futuro. Los científicos han logrado la comunicación cerebro-cerebro entre ratas, de humanos con roedores, y también entre humanos. En 2013, el investigador de la Universidad de Washington Rajesh Rao consiguió jugar a un videojuego a distancia, controlando con su mente el dedo de su colega Andrea Stocco, situado en otro laboratorio del campus (fig. 4 de la página 42). Los científicos utilizaron para ello un procedimiento no invasivo, un casco con electrodos que registraba la actividad cerebral de Rao para enviarla por internet a un gorro en la cabeza de Stocco que llevaba incorporado un aparato de estimulación magnética transcraneal (EMT) para transmitir las órdenes de movimiento.

El experimento de Rao y Stocco fue la primera conexión directa entre dos cerebros humanos con técnicas no invasivas. El camino está abierto hacia la transmisión y recepción de pensamientos que

Fig. 4

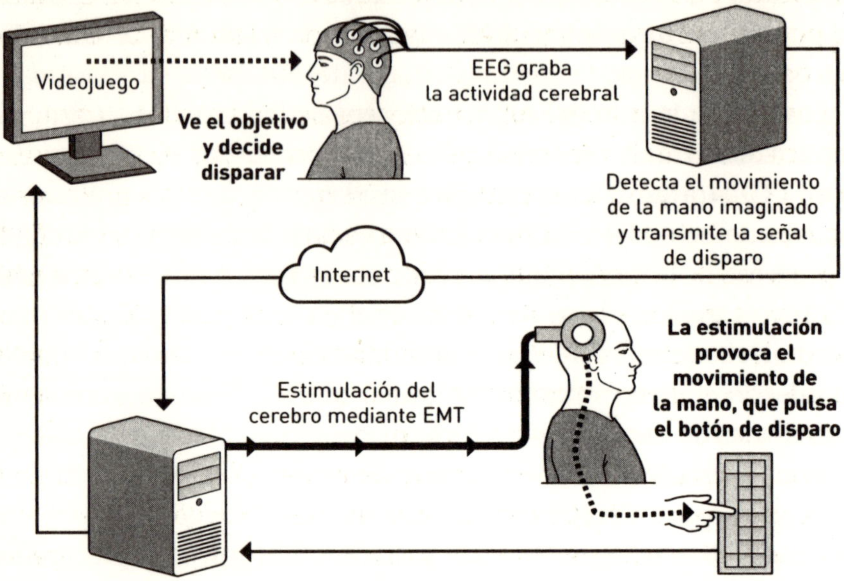

Esquema que muestra el experimento llevado a cabo por Rajesh Rao y Andrea Stocco para comunicar mentes humanas mediante el uso de EEG, EMT y BCI.

augura Kurzweil y, aunque hoy no es posible pensar pensamientos implantados, no cabe duda de que los avances en la interacción cerebro-máquina están conquistando los hitos fundamentales en el recorrido hacia un futuro de inmensas aplicaciones de la potenciación cerebral.

UN CAMINO LLENO DE LUZ

Todos estos avances y conocimientos que se están sucediendo en los campos de la neurociencia, la biología y la tecnología son como chispazos que van iluminando el camino hacia la conquista del cerebro. Como en la transmisión del impulso nervioso, la senda es intrincada y compleja, y a menudo azarosa, pero cada hallazgo abre las puertas a nuevas conexiones capaces de iluminar las áreas que aún desconocemos.

Los neurocientíficos son conscientes de las grandes metas que implica descifrar los secretos del cerebro, pero también de que nunca en la historia habían contado con herramientas tan poderosas, capaces de brindarles información a escalas antes inimaginables. El progreso de la tecnología ha traído consigo un halo de optimismo a la investigación científica, al multiplicar sus posibilidades para escrutar, modelar y analizar la actividad cerebral; pero también ha impulsado el desarrollo de implantes cerebrales capaces de abrir nuevas vías de exploración y comunicación con nuestra mente.

Este escenario lleva a pensar que dentro de unos años quizá seamos capaces de entender cómo funciona nuestro órgano más distintivo, traducir el código neuronal y diseñar, entonces, dispositivos e instrucciones precisos para manipular y potenciar nuestro cerebro.

¿Lograremos entonces ser más inteligentes? ¿Controlaremos mejor nuestras emociones? ¿Seremos capaces de amplificar y gestionar nuestra memoria? El desafío es enorme y apenas conocemos las consecuencias, pero sin duda la aventura iluminará el conocimiento que tenemos sobre nosotros mismos.

02

LOS HITOS DE LA NEUROCIENCIA MODERNA

A finales del siglo XIX, la teoría neuronal de Ramón y Cajal revolucionó la visión que se tenía del cerebro, inaugurando una nueva etapa para la neurociencia. Sus ideas, unidas al progresivo avance de la tecnología en las décadas posteriores, abrirían las puertas a los descubrimientos que hoy constituyen la base de nuestro conocimiento del cerebro.

La curiosidad por nuestra mente, el deseo de comprender de dónde vienen las emociones, los recuerdos o los pensamientos, cómo se origina lo que nos hace en esencia humanos, es tan antiguo como la fascinación por las estrellas. Y su conocimiento, tanto o más misterioso. Sin embargo, el estudio del cerebro nunca había vivido un período de efervescencia como el actual. Tras décadas apostando todas sus cartas a la exploración del espacio y los fenómenos de la física, el ser humano ha cambiado su juego y hoy instituciones y gobiernos de todo el mundo lanzan grandes proyectos y reclutan científicos para acometer la conquista del cerebro. La tecnología juega a favor de los investigadores, y promete aumentar cada vez más el nivel de resolución en las observaciones, así como ayudar a conectar y analizar los miles de datos obtenidos en todos los niveles, desde el molecular y celular hasta el comportamiento.

Este modo de estudiar el cerebro, de hacer ciencia a gran escala, lo que se denomina *big science*, es sin embargo algo muy novedoso en el terreno de las ciencias biológicas. Hasta hace unos años, la neurociencia era cosa de pequeños pasitos, desde los tiempos del científico a solas en su laboratorio hasta la época más reciente de pequeños grupos trabajando aisladamente, a menudo con ideas enfrentadas entre ellos, tratando de descifrar poco a poco una pieza individual del gran rompecabezas del cerebro. Así fueron las aportaciones de los grandes científicos que veremos en este capítulo: desde Santiago Ramón y Cajal observando minuciosamente el tejido cerebral con su microscopio, a Alan Hodgkin y Andrew Huxley capturando diminutos campos eléctricos neuronales, o David Hubel y Torsten Wiesel cartografiando las regiones cerebrales implicadas en la visión. Años dedicados a estudios minuciosos que, pese al detalle y conocimiento fundamental que aportaron, apenas lograron ofrecer una explicación completa del funcionamiento del cerebro, aunque sí abrir las puertas a nuevas preguntas y respuestas. Así fue construyéndose un castillo de conocimientos, aún hoy incompleto, pero con cimientos firmes.

Cada avance dependía de las limitaciones tecnológicas de su momento. Durante mucho tiempo no existieron las herramientas necesarias, que se han desarrollado en los últimos ciento cincuenta años y sobre todo en las últimas décadas. Este obstáculo condicionó, con toda probabilidad, las ideas equívocas que durante muchos siglos se tuvo acerca de la mente humana. Hasta el Renacimiento la localización de las funciones mentales solía atribuirse a otros órganos como el corazón o el hígado. Más tarde, se asumió que estas dependían del cerebro, aunque la visión acerca de dónde se generaban seguía siendo muy sesgada. Leonardo da Vinci pensaba que las funciones mentales residían en los ventrículos cerebrales, unos huecos internos del cerebro que actúan como soporte estructural y químico; mientras que René Descartes localizaba la sustancia pensante en la glándula pineal, un núcleo de neuronas situado en el centro del cerebro. Hoy sabemos que las funciones mentales involucran regiones cerebrales muy diversas, pero la inercia de estas propuestas, que tuvieron una gran influencia, desviaron el estudio certero del cerebro y la mente. Por estas razones, el período anterior al siglo XX se considera la prehistoria de la neurociencia. Esta surgió como disciplina moderna entre finales del siglo XIX y principios del XX.

EL DESPERTAR DE LA NEUROCIENCIA

En el siglo XIX la idea de que las funciones mentales residían en el cerebro ya estaba bastante asumida. También se sabía, gracias a los estudios realizados por el científico británico Robert Hooke, publicados en su obra *Micrographia* (1665), que los organismos estaban formados por células, hoy consideradas la unidad mínima de vida. Sin embargo, aún no existía acuerdo sobre la gran diversidad de células que poblaban el cerebro, incluso si ya se habían descrito algunos tipos de neuronas, como la célula de Purkinje del cerebelo, y la anatomía de los nervios y las regiones cerebrales.

Al microscopio, el tejido cerebral no mostraba un patrón de células regulares como otros órganos, sino una maraña de fibras y cuerpos celulares. La razón de esta imagen confusa era que el método de tinción usado por los científicos de la época para analizar las muestras no era el adecuado. El cerebro, como otros tejidos, está compuesto fundamentalmente de agua, y bajo el microscopio se observa como un material prácticamente incoloro. Por eso debe teñirse con alguna sustancia que le confiera contraste y coloree sus componentes celulares, de manera que pueda apreciarse la organización del tejido. El problema era que las tinciones que se utilizaban coloreaban la mayor parte de las células, y como en el cerebro estas están muy densamente empaquetadas, el resultado apenas permitía percibir la morfología individual de las neuronas.

Entonces apareció una innovación genial. En 1873, el médico italiano Camillo Golgi inventó un método de tinción con cromato de plata que posibilitó por primera vez apreciar bajo el microscopio la particular estructura de las células del sistema nervioso. La técnica, todavía hoy en uso, es semejante al antiguo revelado fotográfico: la pieza de tejido se impregna con una mezcla de dicromato de potasio y nitrato de plata, que reacciona formando microcristales de cromato de plata en el interior celular. La peculiaridad de este método es que colorea al azar un número reducido de neuronas, pero las colorea por completo. Este avance fue crucial para que otro neurocientífico de la época, Santiago Ramón y Cajal, planteara una propuesta revolucionaria.

La teoría neuronal: una nueva visión de las neuronas

Cajal era un gran dibujante y aficionado a la fotografía. Al descubrir el método de Golgi y los resultados que producía, se emocionó. «Expresé la sorpresa que experimenté al contemplar con mis propios ojos los poderes reveladores de la reacción de cromato de plata», escribió en sus memorias. Gracias a la novedosa técnica y a sus pacientes observaciones, describió con detalle numerosas regiones del sistema nervioso y su evolución durante el desarrollo embrionario. Y lo más importante: descubrió la extraordinaria ramificación de las neuronas. «Las mariposas del alma», dijo para referirse a unas determinadas neuronas de la corteza cerebral, donde hoy seguimos sospechando residen muchos de los secretos que explican los aspectos más complejos de la mente.

Mediante estas observaciones Cajal se percató de que las neuronas eran unidades discretas, es decir, no estaban conectadas para formar un tejido, algo que el propio creador de la técnica no había percibido. De hecho, Golgi siempre pensó que las neuronas formaban una malla continua de tejido sin separaciones. En 1906 ambos recibieron el premio Nobel de Fisiología o Medicina «en reconocimiento a su trabajo sobre la estructura del sistema nervioso», una declaración vaga que evitaba decantarse por una de las dos hipóte-

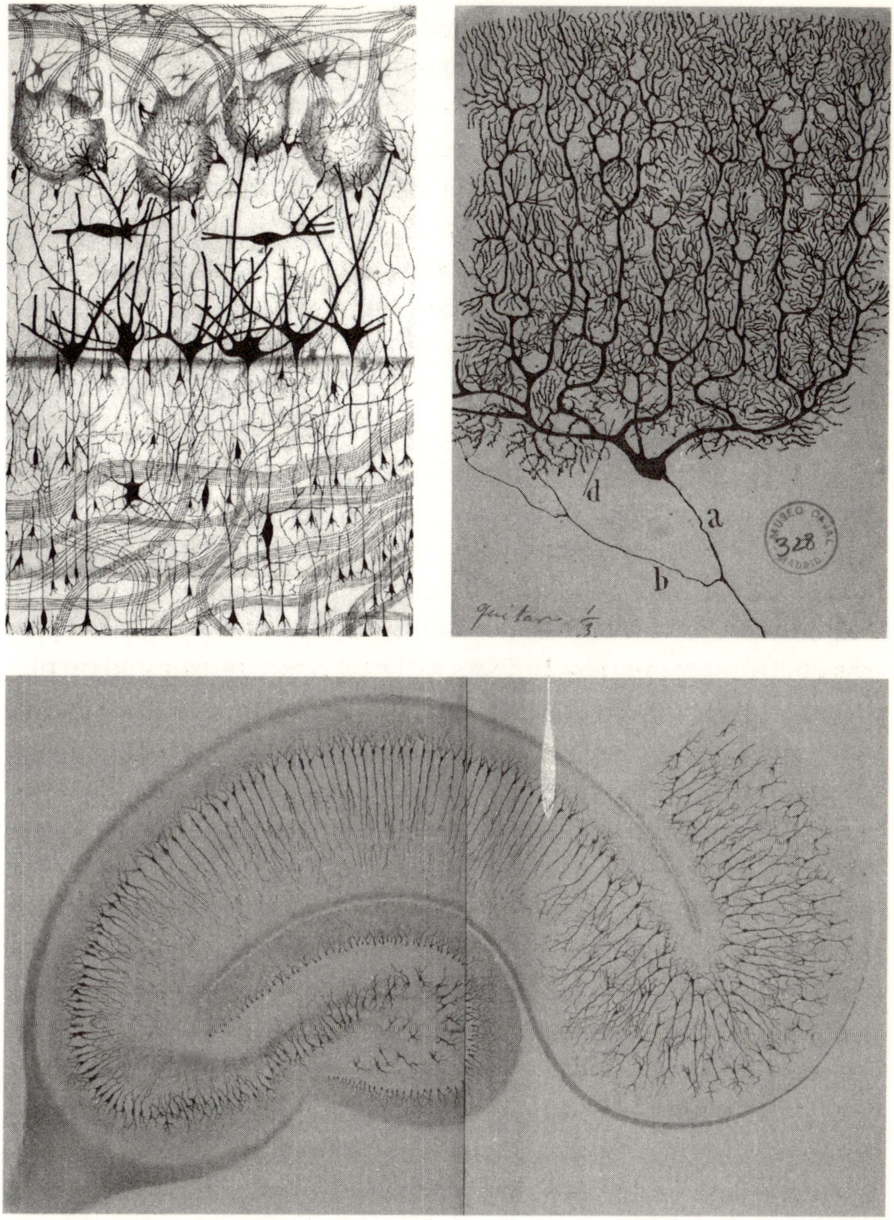

Arriba a la izquierda, primer dibujo de Camillo Golgi realizado a partir de una muestra tratada con la tinción de plata. Arriba a la derecha, ilustración de Ramón y Cajal de la célula de Purkinje. Abajo, dibujo del hipocampo realizado por Golgi.

sis: la teoría reticular de Golgi, que sostenía que el tejido nervioso era una especie de matriz diáfana sin separaciones entre células; o la teoría neuronal de Cajal, que defendía la existencia de células en estrecha proximidad, pero separadas.

> Aun en contra de la tendencia a individualizar los elementos, no puedo abandonar la idea de una acción unitaria del sistema nervioso.
>
> CAMILLO GOLGI

En aquella época, aún no podía confirmarse la validez de la teoría de Cajal, ya que el microscopio óptico no tenía suficiente resolución para distinguir con claridad las separaciones entre las neuronas. Hoy conocemos estas brechas como sinapsis, como las bautizó el neurofisiólogo británico Charles Sherrington; pero Cajal, que solo pudo intuir su existencia, las bautizó poéticamente como «besos protoplasmáticos».

No fue hasta la década de 1950, con la aparición del microscopio electrónico, cuando por fin pudieron observarse estas estructuras y la idea de Cajal se demostró correcta. La inmensa mayoría de neuronas en el cerebro se conectan mediante sinapsis. Sin embargo, ulteriores exploraciones también lograron revelar que, aunque la estructura general del sistema nervioso responde a la teoría defendida por el español, existen casos especiales en los que la idea de Golgi también resultaba correcta: algunas neuronas están en contacto directo y abierto sin que exista la brecha de la sinapsis, y sin que por tanto hagan falta mediadores químicos (los neurotransmisores) para la comunicación entre ambas, sino que el impulso eléctrico se transmite directamente de una célula a otra. Estas llamadas *uniones eléctricas* se asemejan más a la hipótesis de Golgi, pero son poco frecuentes.

La teoría neuronal de Cajal revolucionó el conocimiento que se tenía del cerebro e inauguró una nueva era para la neurociencia. Pero su importancia, más que en las respuestas que ofreció, reside en las nuevas preguntas que planteaba. ¿Por qué las neuronas tie-

> SANTIAGO RAMÓN Y CAJAL Y LA DOCTRINA DE LA NEURONA

Santiago Ramón y Cajal nació el 1 de mayo de 1852 en Petilla de Aragón (España). De niño fue aprendiz de barbero y zapatero. De carácter rebelde, su sueño era ser artista, y mostró desde muy joven un talento excepcional para el dibujo, habilidad que plasmaría en sus detalladas monografías histológicas. Pero su padre, médico rural, le convenció para estudiar medicina. Vivió en Madrid, Valencia y Barcelona, y viajó por varias ciudades europeas. Tras servir en la guerra de Cuba, volvió a casa y compró su primer microscopio. Cajal floreció en una España científicamente atrasada, y su obra fue ignorada durante décadas, hasta que el histólogo alemán Albrecht von Kölliker descubrió su trabajo durante la reunión de la Sociedad Alemana de Anatomía en Berlín en 1889 y empezó a traducirla. Fue entonces cuando su trabajo empezó a ser reconocido, lo que le llevó a recibir el Nobel en 1906. Dos años antes de su muerte, en 1932, se fundó el Instituto Cajal, para impulsar la investigación del sistema nervioso.

— Autorretrato de Santiago Ramón y Cajal en su laboratorio de Valencia en 1885.

nen una forma tan ramificada? ¿Acaso esas ramas recogen señales, tal como las hojas de los árboles recogen la luz del sol? ¿De dónde proceden esas señales? ¿De otras neuronas? ¿En qué consisten esas señales? Pronto comenzaría a desvelarse la naturaleza de las neuronas como células especiales, dedicadas a actuar como transmisoras del impulso nervioso.

El potencial de acción: las señales eléctricas del cerebro

Desde principios del siglo XX, con el desarrollo de los microelectrodos y el osciloscopio, un aparato que recoge y representa las señales eléctricas, es posible escuchar las señales neuronales. Amplificadas, estas resuenan en los laboratorios como un *pizzicato* que susurra a los científicos los mensajes más íntimos del cerebro. Son chispazos que nos indican que el el sistema nervioso funciona mediante electricidad.

El impulso nervioso, el componente esencial del lenguaje neuronal, no es sino un impulso eléctrico que en neurociencia se denomina potencial de acción. Cada potencial de acción representa una computación, una combinación de señales recibidas cuyo resultado es binario: o hay potencial o no lo hay; o hay impulso nervioso, o no. Estas señales eléctricas son los mensajes que se transmiten a lo largo del sistema nervioso para conectar esta gran red con todos los rincones de nuestro cuerpo.

Los estímulos sensoriales, como la temperatura, el tacto o la visión, son detectados en nuestro cuerpo por receptores especializados en la piel o los órganos, y transmitidos al cerebro a lo largo de fibras nerviosas que ascienden por la médula espinal. Pero del mismo modo que el mensaje eléctrico originado por un pinchazo en un dedo informa al cerebro de que sentimos dolor, este emite otro mensaje en sentido contrario para ordenar al dedo que se aparte de la causa del daño. Dentro del cerebro, fibras nerviosas conectan las áreas sensoriales y las motoras para que pueda establecerse esta comunicación de doble sentido, estímulo y respuesta.

Todas estas fibras nerviosas utilizan electricidad, aunque esta no se genera y transmite como la que ilumina nuestras bombillas. En el sistema nervioso, la electricidad se genera a partir de iones, y no de electrones, como la del hogar. Además, es de menor intensidad y viaja a una velocidad menor. Pero nada de esto se ha sabido desde siempre.

> Creemos probable que el fluido eléctrico sea producto del trabajo del cerebro y provenga de la sangre, y que entre en los nervios y corra por su interior.
>
> **Luigi Galvani**

En 1780, el científico italiano Luigi Galvani fue uno de los primeros científicos en proponer que los nervios y los músculos utilizaban electricidad para funcionar. Intentó demostrarlo a través de sus experimentos, en los que usaba ancas de rana que engarzaba en un gancho de cobre colgado de una valla de hierro. Al contacto con la valla, la pata se contraía enérgicamente, lo que Galvani atribuyó a una forma de electricidad generada internamente por el tejido del animal. Pero su contemporáneo y rival, Alessandro Volta, inventor de la pila eléctrica, defendía otra interpretación: la pata cerraba el circuito entre dos metales con distinto potencial eléctrico, el cobre del gancho y el hierro de la valla, generando un flujo de corriente que activaba los músculos. Por entonces aún no había instrumentos para medir la electricidad, por lo que no era posible demostrar si se generaba corriente en la propia pata.

Científicos posteriores continuaron estas indagaciones, que culminaron cuando los fisiólogos y biofísicos británicos Alan Hodgkin y Andrew Huxley describieron la composición iónica del potencial de acción hacia 1952. Por aquel entonces ya se habían comenzado a registrar los pequeños cambios de voltaje que suceden durante el impulso nervioso. Así, se pudo determinar que la velocidad de conducción del impulso nervioso a lo largo de las fibras nerviosas alcanza como máximo los 27 metros/segundo, lo cual implicaba que no podía deberse a flujos de electrones como en la electricidad, que fluye a la velocidad de la luz. Otro tipo de cargas tenían que ser las causantes, y las más abundantes en las células son los iones.

Pero ¿qué tipo de iones? En las células los hay de muchas clases: de calcio, magnesio, potasio, sodio, cloro... Cuando Hodgkin y Huxley realizaron sus estudios, no estaba claro cuáles eran los causantes del impulso eléctrico nervioso. Para que este se genere, debe producirse un cambio eléctrico respecto al estado de reposo, como hace una pila cuando se conecta a un circuito. En la época se sabía que, en estado de reposo, las neuronas mantienen concentraciones diferentes de distintos iones en el interior y el exterior de la célula: dentro hay más iones de potasio, mientras que fuera los de sodio son más abundantes. Esta diferencia de cargas a ambos lados de la membrana neuronal da como resultado un potencial eléctrico que puede medirse y que es de unos -70 milivoltios (mV). El valor negativo indica que la carga dentro de la célula es más negativa que fuera. Se dice entonces que la membrana está polarizada.

También se sabía que las células disparan el potencial de acción cuando su membrana se despolariza, es decir, cuando el valor del potencial se hace menos negativo. Los científicos de la época explicaban este fenómeno suponiendo que la membrana se abría de alguna manera, dejando pasar todo tipo de iones. Así, creían, se equilibraba la concentración de los iones dentro y fuera de la célula, del mismo modo que al abrir un grifo entre dos depósitos de agua el nivel se iguala en ambos. Como el interior era más negativo, debían de pasar más iones positivos hacia dentro. En términos eléctricos, esto equivale a un cortocircuito.

Pero para Hodgkin y Huxley, la idea del cortocircuito no podía ser correcta, porque no cuadraba con una observación: durante el potencial de acción, sucede que el potencial de la membrana no solo se hace menos negativo, sino que llega a ser positivo. Si la membrana se abriera como un grifo, las concentraciones de todos los iones se igualarían a ambos lados. Y al haber tantos iones dentro como fuera de cada uno de los tipos distintos, el resultado sería un potencial cero. Por tanto, no podía ser que la membrana estuviera abriéndose al paso indiscriminado de iones, sino que debía de existir algún mecanismo selectivo que dejara pasar un tipo de iones y no otros. Dado que el proceso espontáneo tiende a igualar las concentraciones químicas de cada ion a un lado y otro de la membrana, si solo pasara un tipo de ion este equilibrio podría alcanzarse de modo que la diferencia neta de cargas dentro y fuera de la célula diera como resultado un potencial positivo.

Para que Hodgkin y Huxley pudieran llevar a cabo sus investigaciones, fue necesario otro avance técnico. En 1897 se inventó el osciloscopio de rayos catódicos, un aparato que permitía medir y dibujar en un gráfico el cambio de un potencial eléctrico a lo largo del tiempo. El osciloscopio permitió a los dos investigadores amplificar enormemente las pequeñas corrientes que ocurren en las neuronas, algo necesario para poder apreciar cambios en el potencial de acción. Para poder registrar las corrientes en el interior de las células, diseñaron electrodos consistentes en finísimos tubos de vidrio rellenos con una solución isotónica, con los que atravesaban la membrana celular para acceder al interior de la fibra nerviosa. Aquello era un trabajo de precisión, así que buscaron una muestra que facilitara el experimento y dieron con las neuronas del calamar, cuyos axones gigantes miden hasta 1 mm de diámetro, cien veces más que los de un mamífero.

Con este sistema, Hodgkin y Huxley pusieron a prueba su hipótesis del transporte selectivo de iones. Si el proceso se generaba a partir del paso de algún ion concreto del exterior al interior de la célula, parecía lógico que este fuera el más abundante, que era el sodio. Y parecía lógico también que, si se reducía el sodio exterior, esto debería reducir el potencial de acción, dado que habría menos iones que pudieran pasar al interior. Los resultados validaron la predicción: cuando la concentración de sodio en el exterior era

Fig. 1

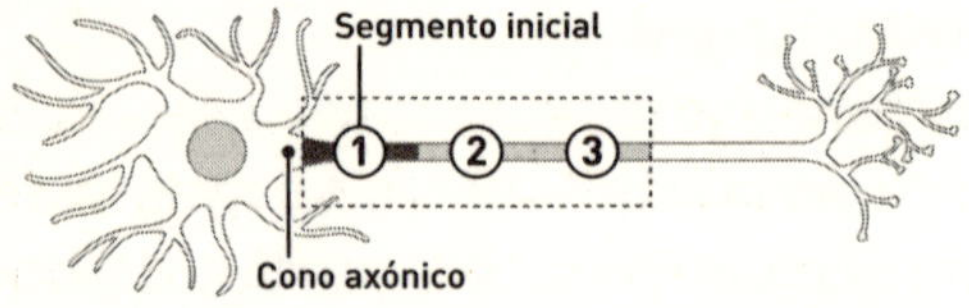

Propagación continua del potencial de acción

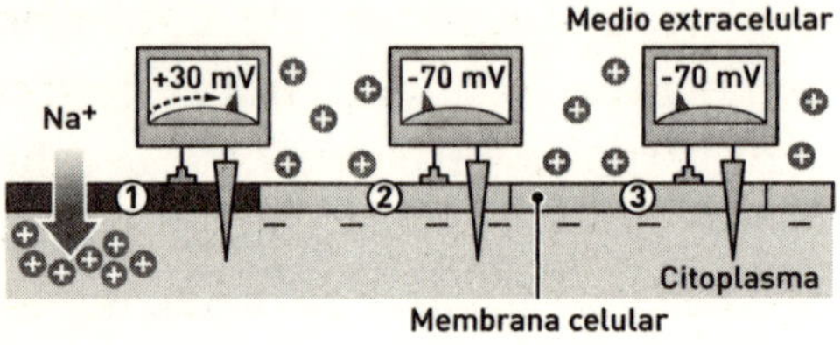

Fase 1

El potencial de acción llega al cono axónico desde las dendritas y a través del cuerpo neuronal. Los canales de sodio del primer segmento se abren y la membrana de esta zona se despolariza, hasta +30 mV.

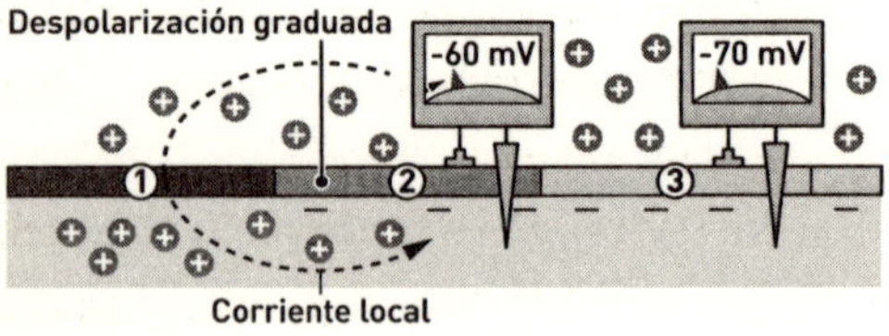

Fase 2

La despolarización de la membrana se extiende gradualmente hacia el segmento 2. Cuando este alcanza el potencial umbral de -60 mV, se abren los canales de sodio de esta zona.

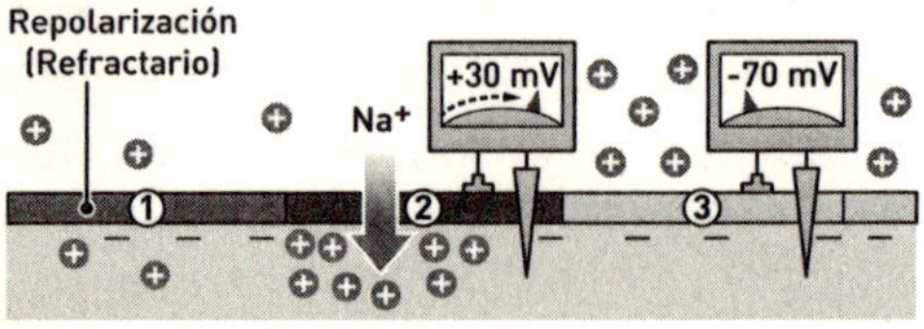

Fase 3

La entrada de iones de sodio por los canales del segmento 2 despolariza esta zona hasta +30 mV, y el potencial de acción se propaga hacia el segmento 3. El segmento 1 se encuentra en el período refractario.

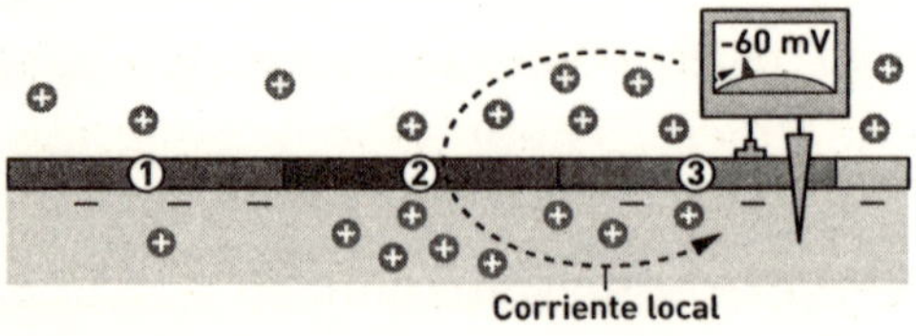

Fase 4

El segmento 3 alcanza su potencial umbral, repitiéndose el proceso. Así avanza el potencial de acción, que no puede retroceder al segmento 1 porque este se ha repolarizado y está en período refractario.

El presente gráfico muestra cómo se propaga el potencial de acción a través de la neurona y el papel que desempeñan los canales iónicos en esta transmisión.

menor de lo normal, la curva del potencial de acción que dibujaba el osciloscopio era más achatada.

Hodgkin y Huxley confirmaron que durante la despolarización se produce una entrada de sodio en la célula (fig. 1). A continuación tiene lugar un flujo inverso de iones de potasio, que salen del interior de la neurona hacia el exterior y restauran el potencial negativo, repolarizando la neurona, es decir, devolviéndola a su estado de reposo. Además de sus experimentos, Hodgkin y Huxley formularon un modelo matemático que emplea los flujos de iones para predecir los cambios de voltaje. La precisión con que las ecuaciones reflejaban el comportamiento de las neuronas se consideró una demostración indirecta de la existencia de canales iónicos específicos en la membrana neuronal, esos poros selectivos que permitían el paso de un tipo concreto de ion, pero no de otros, y que eran los causantes de la aparición del potencial de acción.

El trabajo de los dos investigadores también comenzó a desvelar cómo se propaga la corriente eléctrica a lo largo de las neuronas. Esto sucede de una manera similar a como prende la mecha de un petardo. Los canales iónicos de la membrana neuronal son dependientes de voltaje, es decir, se abren cuando detectan un determinado potencial, en torno a -60 mV. El potencial de reposo de la neurona es de -70 mV, pero cuando la membrana se despolariza, este valor se hace menos negativo. Cuando se alcanzan los -60 mV, los canales iónicos cercanos se abren, lo que causa la despolarización de otro segmento de la membrana, lo cual a su vez abre los canales iónicos cercanos, y así sucesivamente. De este modo, el potencial de acción se propaga por el axón de la neurona como una ola. Este fenómeno explica la transmisión del impulso nervioso a lo largo de una neurona.

En resumen y a una escala mayor, el trabajo de Hodgkin y Huxley, continuado después por otros científicos, explica cómo las fibras nerviosas funcionan a modo de cables de transmisión y cómo esos mensajes en forma de señales eléctricas pueden llegar hasta el último rincón del sistema nervioso. La aportación de los dos investigadores, una de las más importantes en la historia de la neurociencia, les hizo merecedores del premio Nobel de Fisiología o Medicina en 1963.

Hoy, gracias a estudios posteriores, conocemos más detalles del mecanismo del potencial de acción, y los investigadores han podido confirmar la existencia en la membrana neuronal de canales específicos de sodio, potasio, cloro o calcio, canales con los que Hodgkin y Huxley no pudieron trabajar directamente.

Sin embargo, el potencial de acción no completa todo el proceso del impulso nervioso. Explica cómo se propaga de unos segmentos del axón a otros, pero ¿por qué se genera? ¿Cuál es el estímulo que dispara la apertura inicial de los canales iónicos? Cuando Hodgkin y Huxley llevaban a cabo sus investigaciones, otros científicos comenzaban a dar respuesta a esta pregunta.

LOS NEUROTRANSMISORES: LA CONEXIÓN QUÍMICA

¿De qué forma el disparo de un potencial de acción es capaz de activar o inhibir la neurona o la célula muscular con la que conecta? Hasta que la microscopía electrónica pudo confirmar la existencia de las sinapsis neuronales a comienzos de la década de 1950, los neurocientíficos aún debatían entre dos posturas que recapitulaban el debate entre Cajal y Golgi. Unos pensaban que, dada la discontinuidad entre las neuronas, estas debían liberar alguna sustancia química —lo que hoy llamamos neurotransmisores— que transmitiera el mensaje a la siguiente neurona o célula. Otros, sin embargo, argumentaban que ese mecanismo no podía explicar la rapidez de la comunicación entre neuronas, por ejemplo, en casos como el reflejo de la rótula. Pensaban que debía existir una continuidad en la señal eléctrica, ya que la interposición de un mecanismo químico ralentizaría la transmisión del impulso.

La primera demostración de la existencia de neurotransmisores químicos llegó en 1921 gracias al trabajo del farmacólogo alemán Otto

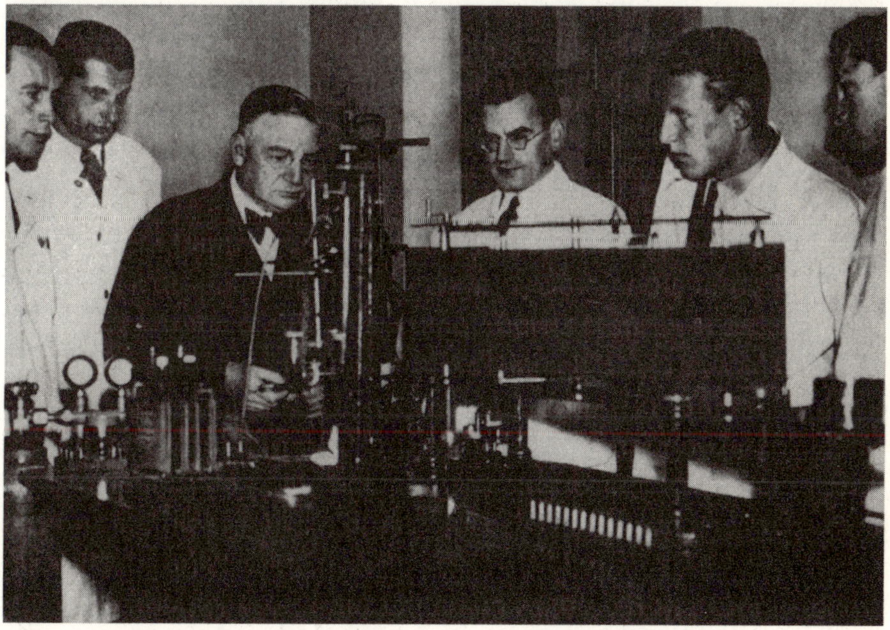

Arriba, Andrew Huxley (izquierda) y Alan Hodgkin (derecha) en sus respectivos laboratorios. Abajo, Otto Loewi con un grupo de estudiantes en su laboratorio de la Universidad de Graz (Austria).

Loewi. Por entonces se sabía que la adrenalina, una sustancia que se había aislado en las glándulas adrenales del riñón, aceleraba el latido del corazón, dependiente del sistema nervioso autónomo que controla procesos corporales involuntarios. Sin embargo, esto no implicaba necesariamente que la adrenalina actuara como señal química entre el nervio y el corazón, ya que su acción podía localizarse en un paso anterior del control cardíaco, y que la comunicación entre el sistema nervioso y el corazón fuera puramente eléctrica.

> Somos lo que somos porque nuestros cerebros son básicamente máquinas químicas, más que eléctricas.
>
> Richard F. Thompson

Una noche, en un sueño, Loewi visualizó el experimento que debía llevar a cabo. Al levantarse, tomó notas y se dirigió al laboratorio. A principios del siglo XX era frecuente utilizar corazones de rana extraídos del cuerpo y mantenidos en un baño con solución salina, donde seguían latiendo durante horas. Loewi preparó dos corazones, uno de ellos aún unido al nervio vago, cuya estimulación eléctrica ya se sabía que ralentizaba el ritmo cardíaco. El farmacólogo razonó que, si existía una señal química liberada por el nervio vago, se difundiría en la solución salina del baño, por lo que podría recogerla y aplicarla después sobre el otro corazón para obtener el mismo efecto.

Así, Loewi estimuló eléctricamente el nervio vago, recogió el fluido del baño y demostró que este líquido era capaz de reducir el latido del mismo corazón sin actuar sobre el nervio, y también del otro corazón sin nervio vago. El científico dedujo que el fluido debía contener un mensajero químico al que llamó «material del vago», y que posteriormente se identificó como el neurotransmisor acetilcolina. En 1936, Loewi recibió el primero de una lista de premios Nobel otorgados por el descubrimiento de neurotransmisores y sus mecanismos de señalización. El alemán compartió el premio con Henry Dale, quien había demostrado que la neurotransmisión química también sucedía en la unión neuromuscular, la conexión entre la neurona motora y la célula muscular que controla los movimientos voluntarios. Más adelante, otros muchos investigadores recibirían el galardón por el estudio y descubrimiento de distintos neurotransmisores: John Eccles en 1943, Julius Axelrod, Ulf von Euler y Bernard Katz en 1970, Roger Guillemin en 1977, Arvid Carlsson y Paul Greengard en 2000 y Thomas Südhof en 2013.

Hoy sabemos que en general la comunicación entre neuronas, y entre una neurona y las fibras musculares en los órganos que controlan, se produce a partir de señales químicas mediadas por neurotransmisores. Dentro de la célula, los neurotransmisores se empaquetan cerca de la sinapsis en vesículas, que liberan su contenido al exterior cuando llega el potencial de acción. Los neurotransmisores cruzan la hendidura de la sinapsis y actúan sobre la neurona vecina uniéndose a unos receptores específicos llamados *canales iónicos*, que se activan y convierten de nuevo la señal química en eléctrica.

Existen diversas familias de neurotransmisores que ejercen efectos diferentes, pudiendo ser activadores o inhibidores. Por ejemplo, en el caso de los dos más abundantes, el glutamato abre un canal de sodio, y la entrada de este ion en la neurona despolariza la membrana, disparando el potencial de acción; por el contrario, el ácido gamma-aminobutírico (GABA) actúa sobre un canal de cloro, cuya entrada en la célula hiperpolariza la membrana, lo que inhibe la actividad neuronal. Una vez liberado, el neurotransmisor permanece en la hendidura sináptica durante un período muy breve, algo necesario para que la neurona no se sature y pueda responder después a una nueva señal. Los encargados de restringir esta duración son mecanismos que eliminan el neurotransmisor, ya sean enzimas que lo degradan o, en la mayoría de los casos, transportadores que lo devuelven al interior de la neurona.

> LA QUÍMICA DEL CEREBRO

La distancia que separa dos neuronas en una conexión sináptica es diminuta, pero es un abismo insalvable para la corriente eléctrica. Se necesita un mensajero químico para cruzar la brecha y transmitir la señal. Estos mensajeros son los neurotransmisores que, liberados por la neurona emisora, se acoplan a los receptores de la neurona destinataria de la señal. La mayoría de los receptores son ionotrópicos, canales que se abren y dejan pasar iones, cambiando el estado eléctrico de la neurona receptora y generando un potencial de acción que da continuidad al impulso nervioso. Otros son metabotrópicos y producen otros efectos, como cambios en la actividad de los genes. La variedad de efectos que provocan los neurotransmisores es la base del alfabeto que construye el lenguaje del código neuronal.

Componentes de las estructura químicas: ○ Hidrógeno ● Nitrógeno ● Oxígeno ● Carbono

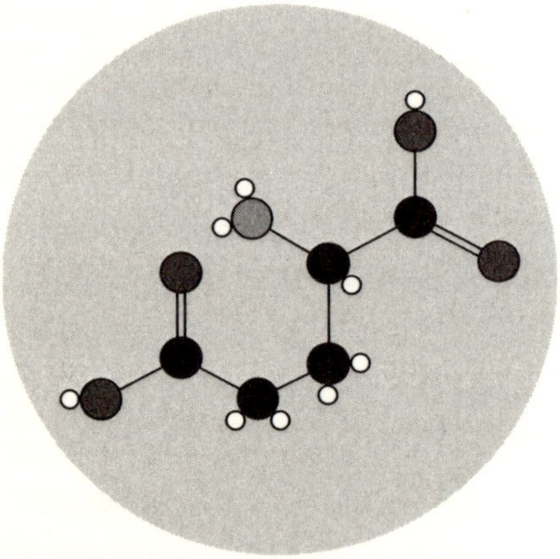

GLUTAMATO
El neurotransmisor de la memoria

Principal neurotransmisor excitador en el sistema nervioso, interviene en funciones cognitivas como el aprendizaje y la memoria. Algunos de sus receptores forman canales permeables a iones positivos.

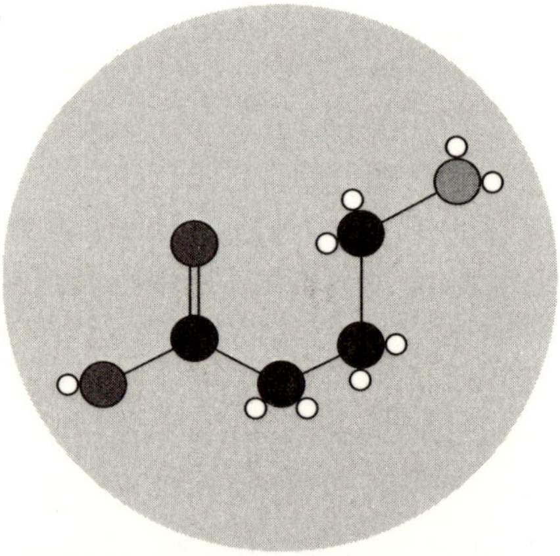

GAMMA-AMINOBUTÍRICO (GABA)
El neurotransmisor calmante

Principal neurotransmisor inhibidor, una de sus funciones es reducir la actividad neuronal. También contribuye al control motor y de la visión, y regula la ansiedad.

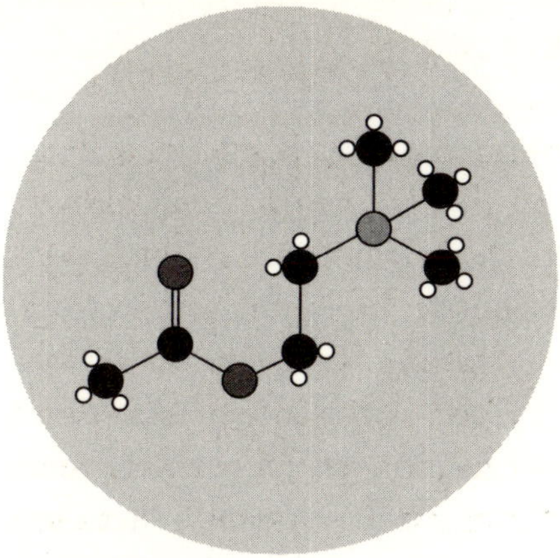

ACETILCOLINA

El neurotransmisor del aprendizaje

Se libera en la unión neuromuscular, en los ganglios autonómicos y en el cerebro, donde interviene en la atención, la motivación, el aprendizaje y la memoria. También activa el movimiento muscular.

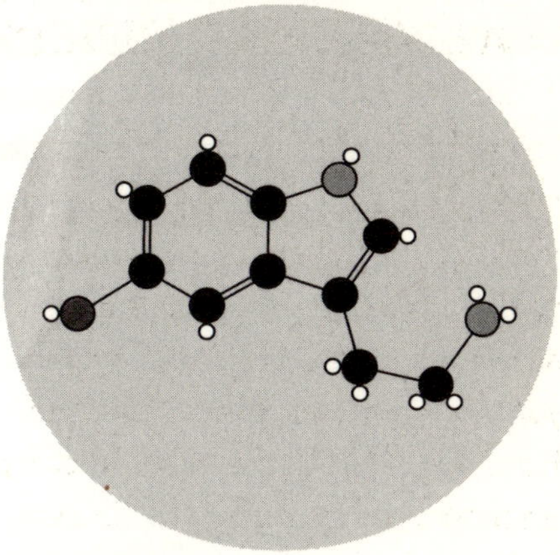

SEROTONINA

El neurotransmisor del sueño

Producida en los núcleos del rafé, en el tronco del encéfalo. Está implicada en procesos relacionados con los ritmos circadianos (los ciclos biológicos de nuestro cuerpo), el sueño, el despertar y la alimentación.

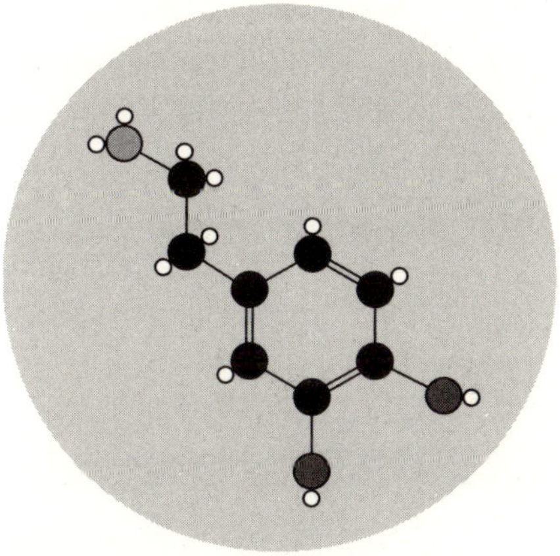

DOPAMINA

El neurotransmisor del placer

Está relacionada con el placer, el comportamiento, el movimiento y los mecanismos de recompensa o la adicción. La enfermedad de Parkinson se vincula a unos niveles alterados de dopamina.

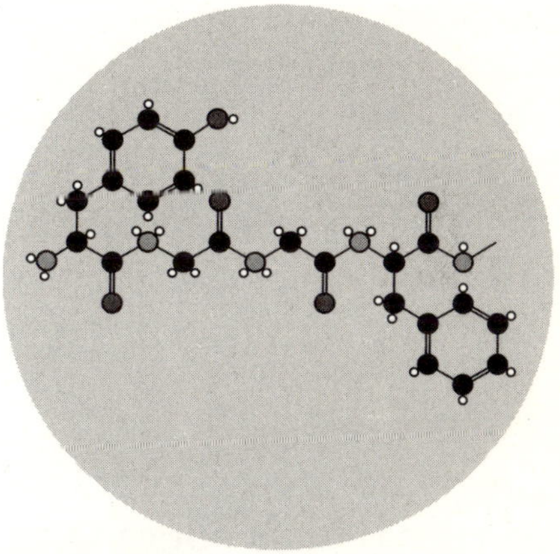

ENDORFINAS

Los neurotransmisores de la felicidad

Son opioides naturales, producidos en varias regiones del cerebro y en la médula espinal. Inhiben las neuronas implicadas en el dolor y regulan la liberación de hormonas de respuesta al estrés.

En resumen, el descubrimiento de las neuronas como células individuales, de sus señales eléctricas y de sus conexiones químicas permitió conocer el funcionamiento básico del sistema nervioso en las primeras décadas del siglo XX.

DE LOS CIRCUITOS NEURONALES A LAS FUNCIONES COMPLEJAS DEL CEREBRO

Una vez alcanzada una comprensión básica de la neurona, de cómo se comunica y conecta a otras mediante potenciales de acción y neurotransmisores, la pregunta pendiente era cómo se traducía su particular lenguaje en funciones mentales.

Desde mediados del siglo XX, comenzaron a acumularse cada vez más evidencias que apuntaban a que el cerebro era el órgano encargado de procesar y almacenar la información transmitida por las neuronas, y que su papel era fundamental en la gestión de las sensaciones, la memoria o las funciones cognitivas.

La aparición de nuevas técnicas de imagen cerebral permitió analizar cada vez con más detalle la actividad del cerebro cuando se realizaban funciones concretas, y explorar sus componentes a distintas escalas: la microscópica, para ahondar en el comportamiento de los distintos tipos celulares, y la macroscópica, para observar sus conexiones y relación con diferentes regiones anatómicas.

Las neuronas se conectan: el descubrimiento de los circuitos neuronales

Hasta ahora hemos visto los mecanismos que gobiernan la actividad y la comunicación entre neuronas individuales. Pero entender el cerebro implica indagar más allá de las neuronas en solitario o en parejas. Miles de ellas se conectan formando complejos circuitos y redes, una idea que ya intuyeron neurocientíficos como Cajal. En sus detallados diagramas el español no solo describió la anatomía de numerosas regiones cerebrales y los tipos morfológicos de las neuronas que allí se encontraban, sino que también representó mediante líneas el sentido en el que podrían circular las señales entre las células.

Poco más tarde, el neurofisiólogo británico Charles Sherrington, que recibiría el premio Nobel en 1932, proporcionaría las primeras evidencias experimentales sobre el trazado y la función de un circuito nervioso muy simple: el reflejo rotular, es decir, la rápida contracción del cuádriceps que se produce al golpear la rodilla con un martillo de goma.

El reflejo rotular se conoce desde mediados del XIX, pero a principios del XX aún se debatía cómo se desencadenaba esta contracción muscular. Resultaba un misterio cómo podía tener lugar tan rápido. Algunos científicos, como Sherrington, proponían que la información del golpe en la rótula viajaba hasta la médula espinal, que enviaba al músculo la orden de moverse. En cambio, otros expertos pensaban que este era un recorrido demasiado largo para un reflejo tan rápido, y que por tanto la contracción del músculo debía ser una simple respuesta inmediata causada por la tensión mecánica aplicada en el golpe.

Sin embargo, este argumento se basaba en una premisa errónea. El médico alemán Hermann Helmholtz había mostrado que la velocidad del reflejo era en realidad más lenta que la conducción del impulso nervioso, por lo que el paso de la señal por la médula espinal era compatible con la rapidez de la respuesta. Sherrington había examinado además las ilustraciones de Cajal, en las que figuraban conexiones en la médula espinal entre neuronas sensoriales, las que recogen información del exterior, y neuronas motoras, las que envían las órdenes de movimiento. Considerando todos estos datos, Sherrington concluyó que un circuito neuronal a través de la médula espinal era un mecanismo plausible para el reflejo rotular.

Para poner a prueba su hipótesis, el científico hizo experimentos en los que seccionaba ciertas porciones de la médula espinal para interrumpir los nervios que entran y salen de ella. En ambos casos observó que el reflejo quedaba abolido, indicando que dicha respuesta implicaba una señal de ida y otra de vuelta entre la médula espinal y el músculo. Estudios sucesivos revelaron la identidad exacta de las distintas células implicadas en el circuito que Sherrington comenzó a delinear. Hoy sabemos que el circuito consiste en una única sinapsis entre los receptores del huso muscular que detectan la tensión en el músculo y las neuronas motoras medulares que activan la contracción.

Lejos de restringirse a la relativa sencillez de los circuitos que estudió, Sherrington sentó las bases celulares de las funciones más complejas. Reconoció que los animales, incluidos los humanos, funcionamos como unidades sincronizadas debido a la función integradora del sistema nervioso, que como por control remoto permite que nuestros receptores sensoriales (oídos, ojos) sean capaces de desencadenar actos motores, es decir, movimientos, a distancia y sin necesidad de que exista un contacto físico. El reflejo de la rodilla, que Sherrington identificó como un avance evolutivo de gran importancia, era una forma simple de integración neural que comenzaría en las sinapsis de la médula espinal y, en muchos otros casos, ascendería hasta la corteza cerebral.

Sucesivamente, los neurocientíficos han ido describiendo circuitos más y más complejos en el sistema nervioso. En el cerebro, cientos o miles de neuronas pueden conectarse y formar circuitos con funciones determinadas, tanto dentro del propio órgano como en conexión con otros. El cerebro posee circuitos paralelos y redundantes, lo cual confiere robustez al sistema, pero al mismo tiempo hace más difícil su estudio. A diferencia del circuito del reflejo muscular, donde las neuronas producen una acción simple en forma de movimiento, en el cerebro la actividad neuronal no siempre se relaciona con una respuesta tan obvia. Cuando los neurocientíficos utilizan microelec-

> CHARLES SHERRINGTON Y EL PRIMER CIRCUITO NEURONAL

Retrato de Charles Sherrington en 1932, año en que ganó el premio Nobel de Fisiología o Medicina.

Si Ramón y Cajal descubrió que las neuronas eran células independientes pero conectadas, a Sherrington le debemos el hallazgo del primer circuito neuronal. Nacido en Londres en 1857, estudió medicina en Cambridge y amplió sus estudios en Alemania. Tras comenzar su carrera investigadora como patólogo, pronto pasó a interesarse por el sistema nervioso. Su timidez y humildad contrastaban con la profundidad de su mente analítica y la amplitud de sus inquietudes, que se extendían a las artes y las humanidades —llegó incluso a publicar poesía. En sus investigaciones, entendió la necesidad de analizar simultáneamente el comportamiento, la fisiología y la anatomía para entender la organización funcional del sistema nervioso. Sus estudios revelaron el circuito nervioso más elemental, el del reflejo rotular de la rodilla, que enlazaba el músculo con la médula espinal. Los actos reflejos se mostraban, así, como los ladrillos básicos de la integración nerviosa, que se ensamblaban para dar lugar a patrones motores coordinados como caminar o saltar. Propuso la existencia de otros circuitos neuronales que ligaban funciones como las sensoriales con el sistema nervioso, con el cerebro como panel de control. Guiado por la teoría neuronal de Cajal, en 1897 acuñó el término *sinapsis* para designar la conexión entre dos elementos separados, las neuronas. Fue presidente de la Royal Society y recibió el premio Nobel en 1932 junto a Edgar Adrian. Murió de una parada cardíaca en 1952.

trodos para escuchar las señales nerviosas, a menudo observan patrones de descarga peculiares (ráfagas, silencios, y también, actividad sincronizada) diferentes en cada región cerebral y tipo neuronal. Se sospecha que estos patrones y sus combinaciones forman parte de los sistemas que posee la neurona para codificar información, siendo el mensaje final el resultado de una computación, tanto en cada neurona como en grupos de ellas que actúan de forma colectiva.

Primeras aproximaciones a la comprensión del código neuronal

El ejemplo más inmediato de cómo las neuronas codifican información lo tenemos en la relación con nuestro entorno. El mundo contiene multitud de estímulos que podemos percibir. Los llamamos colores, sonidos, olores o sabores, pero en realidad son fenómenos físicos o químicos, como ondas electromagnéticas, ondas de presión o sustancias químicas. Nuestros órganos de los sentidos detectan estos estímulos, pero todos ellos se transforman en impulsos nerviosos eléctricos (potenciales de acción) y químicos (neurotransmisores), que viajan a nuestro cerebro y que este debe interpretar. Para el investigador, esto representa un problema doble: cómo se codifica la información, es decir, cómo los parámetros físicos se traducen en impulsos nerviosos, y a continuación cómo se descodifica, o cómo el cerebro extrae la información de esos impulsos para entender que estamos viendo el color rojo o escuchando un sonido.

Las primeras evidencias directas para entender el código neuronal se obtuvieron realizando registros con electrodos en las partes más accesibles del sistema nervioso. En 1928, el electrofisiólogo británico Edgar Adrian hizo un descubrimiento casual que le conduciría a ganar el Nobel en 1932. Después de colocar electrodos en el nervio óptico de un sapo anestesiado, observó que en la habitación, casi a oscuras, el nervio estaba emitiendo pulsos. Entonces se dio cuenta de que la actividad se correspondía con sus propios movimientos: era él quien provocaba la actividad en el nervio óptico del animal al pasar por su campo visual. Estudiando también la actividad de los nervios encargados de transmitir la sensación de tacto de la piel, Adrian descubrió que el voltaje del pulso eléctrico de los nervios no dependía de la intensidad del estímulo externo; es decir, que el potencial de acción no tenía grados, sino que los nervios funcionaban por un sistema de «todo o nada». En cambio, había un parámetro que sí variaba, y era la frecuencia de esos pulsos, su número a lo largo del tiempo. Esto se había observado antes en las fibras motoras, las que mueven los músculos. La distribución de esas descargas repetidas a lo largo del tiempo debía ser un lenguaje empleado por el sistema nervioso para codificar información: a mayor intensidad del estímulo, mayor frecuencia de descarga. Sin embargo, si el estímulo se prolongaba en el tiempo, la frecuencia de los pulsos acababa descendiendo. Esto explica el llamado *fenómeno de adaptación*, o cómo gradualmente dejamos de ser conscientes de estímulos constantes, como por ejemplo del olor de un perfume.

Las observaciones de Adrian fueron corroboradas independientemente y extendidas en la década de 1930 por otro neurofisiólogo, el estadounidense Haldan K. Hartline, que obtendría el premio Nobel en 1967. A través del estudio de la visión en el cangrejo herradura (*Limulus polyphemus*), Hartline descubrió el mecanismo utilizado por el cerebro del animal para codificar la información de contraste, como los bordes y límites de objetos.

Los ojos de este cangrejo están formados por cientos de unidades elementales llamadas *omatidios*. A semejanza de los mamíferos, que repartimos todo el campo de visión entre las distintas secciones de la retina, cada omatidio detecta una parte del campo visual. Sin embargo, a diferencia de nosotros, cada omatidio del cangrejo herradura tiene su propio nervio óptico. Así, el investigador pudo registrar la actividad de nervios ópticos individuales mientras estimulaba los omatidios con un haz de luz.

Lo que Hartline descubrió fue que la luz disparaba una frecuencia máxima del impulso nervioso en el omatidio directamente estimulado, mientras que la respuesta era menor en los omatidios vecinos. De esta manera, dedujo Hartline, el cerebro del cangrejo codificaba la información de contraste. El investigador propuso, y estudios posteriores confirmaron, que la atenuación de la respuesta en los omatidios vecinos se debía a conexiones entre ellos, de forma que la máxima actividad en el omatidio central inhibía la de sus vecinos. Y esta era otra forma de codificación neuronal: la combinación de señales debida a la conectividad servía para transmitir al cerebro información sobre el contraste visual.

Numerosos estudios posteriores han demostrado que la retina de los mamíferos actúa de forma parecida. Nuestras células fotorreceptoras responden de forma diferente a distintas combinaciones de parámetros de los estímulos visuales, como luminosidad o color, y una neurona excitada reduce la actividad de sus vecinas. Así, la retina puede extraer una enorme variabilidad de parámetros físicos de una imagen. Esencialmente, de este modo es como resuelve el cerebro el problema de codificar el entorno a través de los sentidos.

Aun así, por mucha información que registre el ojo, la imagen no adquiere sentido hasta etapas posteriores del procesamiento visual. En los mamíferos, los receptores del ojo envían información a través del nervio óptico, que conecta en el cerebro con la región visual del tálamo. Desde allí, la información se envía a la corteza visual primaria en el lóbulo occipital, en la parte posterior del cerebro. En esta región, las neuronas comienzan a responder de manera selectiva a aspectos más complejos del mundo sensorial, como revelaron los experimentos clásicos del canadiense David Hubel y el sueco Torsten Wiesel en la década de 1960, y que les harían merecedores del Nobel en 1981.

En sus observaciones, Hubel y Wiesel se percataron de que, al estimular la retina de un gato mediante un haz de luz en movi-

> DAVID HUBEL Y LA NEUROCIENCIA DE LA VISIÓN

Junto a su colega, el sueco Torsten Wiesel, David Hubel avanzó un paso decisivo para entender cómo el cerebro construye la visión a partir de la actividad neuronal. Nacido en 1926 en Windsor (Canadá), en 1954 emigró a EE.UU. Allí se incorporó al laboratorio del Hospital Johns Hopkins, dirigido por Stephen Kuffler, quien acababa de describir los campos receptivos de las neuronas de la retina. Fue allí donde conoció a Wiesel y donde nació una colaboración de más de veinte años, que ambos continuarían en la Facultad de Medicina de Harvard. Fueron pioneros en registrar la actividad neuronal en la corteza cerebral, relacionándola con estímulos visuales. Gracias a su uso de electrodos de tungsteno, más prácticos que los de vidrio, estudiaron cómo respondía la corteza visual de un gato a estímulos luminosos proyectados en la pared. Lograron descubrir que había neuronas sintonizadas a estímulos en movimiento con una determinada orientación. En 1981, ambos recibieron el Nobel de Fisiología o Medicina.

— David Hubel, a la izquierda, junto con su colega Torsten Wiesel, en su laboratorio de la Universidad de Harvard en 1981.

miento, las neuronas de su corteza visual solo se activaban cuando la línea se situaba en una determinada zona del campo de visión de la retina. También, que la actividad de las neuronas variaba en función de la orientación de la línea, y que a veces, estas solo se activaban cuando la línea se movía en una dirección determinada.

De este modo descubrieron que las neuronas de la corteza visual no solo responden a contrastes, sino también a patrones y, más sorprendentemente, a estímulos en movimiento con determinada orientación.

Estos experimentos les llevaron a descubrir la diversidad de las neuronas de la corteza visual y su jerarquía. Hubel y Wiesel las identificaron y catalogaron en tres tipos: células simples, que respondían a patrones como la luz o la oscuridad; células complejas, que percibían bordes y movimientos; y células hipercomplejas, que respondían ante ángulos que se mueven u orientan en una determinada dirección.

Esta variedad celular ponía de manifiesto que existían neuronas especializadas en detectar y procesar distintas características, como los bordes, el movimiento, la profundidad o el color. Y que a partir de estos detalles individuales que percibían y procesaban, se organizaban para construir en la corteza visual una representación de la información obtenida en el campo visual.

Pero ¿cómo lo hacían? Mediante sus experimentos, Hubel y Wiesel observaron que la organización de las neuronas respondía a una arquitectura precisa, donde las células con funciones similares se organizaban por columnas. Cada columna actuaba como una pequeña unidad de computación, que se conectaba de forma horizontal con otras columnas, y transmitía información a regiones superiores del cerebro para reconstruir la imagen percibida.

Los hallazgos de Hubel y Wiesel permitieron entender, en definitiva, cómo las neuronas de la corteza visual extraen las propiedades fundamentales de los objetos que nos rodean, codifican la información y nos ayudan a construir nuestra percepción del mundo.

Hoy sabemos que prácticamente no hay aspecto del comportamiento y de la mente, como las motivaciones, las emociones, la atención o la memoria, para el que no se hayan encontrado neuronas en lugares del cerebro que responden de manera específica. No obstante, no todas las neuronas del cerebro son tan selectivas, ni esto implica, como veremos a continuación, que el cerebro sea una especie de estantería con cajones adyacentes dedicados a funciones separadas. En realidad, lo habitual es que cada región del cerebro contenga circuitos implicados en distintas funciones.

Hacia un mapa dinámico de las funciones del cerebro

Los experimentos de Hubel y Wiesel apoyaron la idea de que el cerebro está organizado como un mapa, con zonas concretas correspondientes a regiones específicas del organismo, con las que están conectadas y a las que responden. Pero esta idea del mapa cortical del cerebro ya había sido presagiada anteriormente por el neurocirujano canadiense Wilder Penfield en las décadas de 1930 y 1940. Operando a pacientes de epilepsia, Penfield se dio cuenta de que, al aplicar corrientes eléctricas suaves en distintas regiones de la corteza motora del cerebro, aparecían movimientos en distintos miembros del cuerpo. A partir de sus observaciones, creó mapas donde representaba la organización somatotópica, es decir, la correspondencia entre corteza y la parte del cuerpo que controla. A finales de la década de 1950, el neurólogo estadounidense Vernon Mountcastle también observó en primates que la corteza somatosensorial, que procesa la sensación del tacto, la temperatura y la posición corporal, tiene una organización somatotópica en respuesta a estímulos táctiles. Sin embargo, los experimentos de Mountcastle no sugerían una relación unívoca entre región cortical y región corporal.

Según esta idea del mapa cortical, era evidente tratar también de cartografiar las funciones cognitivas, algo que en realidad ya se había intentado desde 1850. En la segunda mitad del siglo XIX, primero el médico francés Paul Broca, y poco después el psiquiatra alemán Carl Wernicke, proporcionaron las primeras pruebas que vinculaban funciones cognitivas a lugares del cerebro. Sin embargo, sus observaciones revelaban un panorama mucho más complejo en el que distintas actividades, como la producción y la comprensión del habla, dependían de diferentes áreas cerebrales.

Estudiando pacientes con déficits lingüísticos, ambos investigadores descubrieron lesiones en distintas partes del cerebro, lo que sugería que estas estaban implicadas en el desarrollo de las funciones dañadas. Los pacientes de Broca tenían limitada el habla, y sus daños coincidían en la región del lóbulo frontal que hoy recibe su nombre, área de Broca. Por su parte, los de Wernicke tenían dificultades de comprensión del habla y lesiones en otra región distinta del lóbulo temporal, hoy llamada área de Wernicke. Estas observaciones sugerían que una misma función como el lenguaje se localizaba en varias regiones cerebrales. Además, tanto Broca como Wernicke plantearon que incluso cada subfunción del lenguaje dependería de varias zonas del cerebro.

Las ideas de Broca y Wernicke no fueron bien recibidas en su día porque la teoría predominante era el holismo, que rechazaba la localización y defendía que el cerebro completo participaba en cualquier función mental. Según esta idea, la corteza cerebral era equipotencial y todas las regiones cerebrales tenían la misma importancia en la ejecución de cualquier función.

El debate entre holismo y localización se prolongó hasta que ambas posturas aparentemente contradictorias se conciliaron en una visión intermedia: cada función depende de neuronas localizadas en distintas regiones del cerebro y conectadas formando circuitos que vinculan áreas distantes, cada una de las cuales contribuye a algún aspecto determinado. Las neuronas están especializadas de modo que no pueden participar en cualquier proceso, pero tampoco se restringen a uno solo, sino que intervienen en varios de ellos.

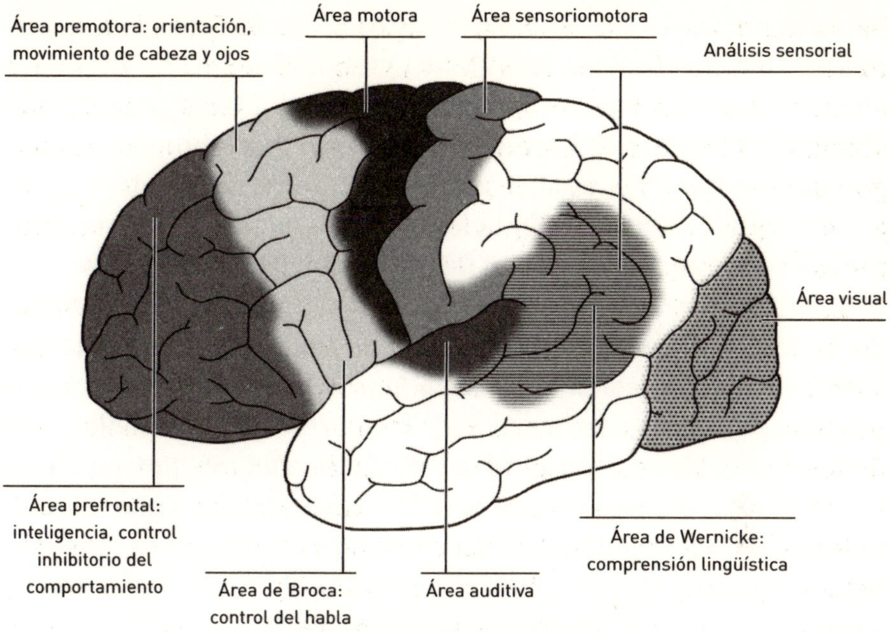

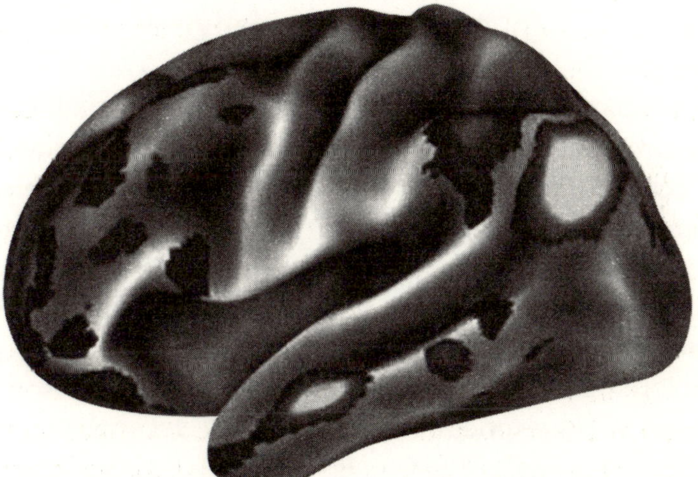

— La visión tradicional del cerebro (arriba) muestra áreas vinculadas a funciones específicas. Estudios recientes (abajo), muestran sin embargo cómo en cada función se activan (manchas iluminadas) o desactivan (manchas oscuras) numerosas regiones, incluso en una situación de reposo, como la del ejemplo.

A finales del siglo XX, el auge de las técnicas de imagen cerebral como la resonancia magnética funcional (IRMf) y su aplicación al estudio de las funciones mentales (la neurociencia cognitiva) han podido confirmar que cualquier actividad mental implica actividad en circuitos distribuidos por varias regiones del cerebro.

Pero esta asignación de funciones a regiones tampoco es estática. Hoy sabemos que el mapeo de las funciones en los circuitos cerebrales cambia con el tiempo, y que esa evolución es fundamental para determinadas capacidades como el aprendizaje y la memoria. El estudio de estas capacidades en la segunda mitad del siglo XX puso de manifiesto el potencial de la neurociencia molecular para describir con detalle los componentes moleculares que subyacen a funciones cerebrales complejas e integrar este conocimiento con otros niveles de organización superiores, desde el celular, pasando por los circuitos, hasta el comportamiento.

El poder de lo minúsculo: la actividad molecular

En el estudio molecular del código neuronal fue crucial la aportación del neurocientífico austro-estadounidense Eric Kandel. En la década de 1960, Kandel comenzó a estudiar la formación de la memoria en un sistema simple, la babosa marina *Aplysia californica*. Este animal posee un reflejo defensivo característico, consistente en esconder sus branquias y su sifón cuando se le molesta. Sin embargo, a esta primera fase de sensibilización sigue después una de habituación: cuando el estímulo se repite varias veces, el reflejo desaparece. Estas respuestas permitían a Kandel analizar qué cambios bioquímicos tenían lugar en las neuronas de la babosa durante el almacenamiento de memoria a corto y a largo plazo.

Por entonces ya se conocía una diferencia entre ambos tipos de memoria: la de largo plazo estaba acompañada por la producción de nuevas proteínas en la neurona, algo que no ocurría en la memoria a corto plazo. Kandel descubrió la razón de esta diferencia en los mecanismos moleculares de ambos tipos de memoria. Mientras que la de corto plazo solo provocaba cambios en las sinapsis existentes, el aprendizaje más permanente activaba una serie de componentes moleculares en el interior de la neurona que mandaban una señal hasta el ADN en el núcleo de la célula. Como resultado, el ADN producía nuevas proteínas, y este material celular se utilizaba para crear nuevas sinapsis que reforzaban el recuerdo a largo plazo.

Aunque el de *Aplysia* es un circuito muy sencillo, los hallazgos de Kandel en los mecanismos moleculares de sus 30 neuronas permitieron comenzar a descifrar cómo intervienen los cambios bioquímicos en funciones complejas como la memoria. Estos hallazgos, unidos a su esfuerzo por integrar el código neuronal a varios niveles, desde el molecular y el fisiológico hasta el comportamiento, le valieron el premio Nobel en el año 2000.

Llegamos así al momento actual, en el que contemplando la historia de la neurociencia en perspectiva, vemos que todo lo anterior, los intentos por entender la neurona, sus conexiones, los circuitos, las regiones cerebrales y los mecanismos moleculares, no son más que escalones por los que el conocimiento ha podido ascender, pero que no están completos. Nos damos cuenta entonces de que ningún esfuerzo aislado es suficiente para abordar los problemas complejos, y que el registro de ninguna neurona, por interesante e importante que sea en el proceso, puede realmente ofrecer respuestas. Ahora comenzamos a analizar no una o decenas, sino miles de neuronas con el fin de crear un mapa multidimensional del cerebro que superponga la anatomía, la conectividad y la actividad durante el comportamiento, y que además pueda evolucionar a lo largo de la escala temporal. En el siguiente capítulo veremos los desafíos que implica esta cartografía dinámica del cerebro y las posibilidades que promete al ser humano.

03

EL DESAFÍO DE MAPEAR EL CEREBRO

Impulsados por el gran desarrollo de las técnicas de neuroimagen, los neurocientíficos han avanzado por distintas vías para superar un reto sin precedentes: obtener un atlas multidimensional y dinámico del cerebro. Pero una vez lo consigan, ¿seremos capaces por fin de descifrar los secretos de nuestra mente?

Escribió el conocido bioquímico y escritor Isaac Asimov que el cerebro es la organización de la materia más compleja que conocemos. La riqueza espacial del cerebro se aprecia ya desde la superficie, en la gran cantidad de surcos y pliegues posicionados de forma característica en la corteza cerebral, y la infinidad de rincones que se esconden en las regiones situadas más abajo. E incluso dentro de una única neurona, cuando se observan con suficiente magnificación, se revela un paisaje exquisitamente variado y a la vez ordenado de compartimentos subcelulares, sinapsis, vesículas sinápticas y otros orgánulos. De forma solapada y en paralelo a esta dimensión estructural, el cerebro posee una exquisita riqueza fisiológica, que se manifiesta por fenómenos de neurotransmisión, potenciales de acción y, a una escala mayor, los patrones dinámicos de la actividad cerebral al completo.

Desde lo macroscópico a lo microscópico, los métodos para cartografiar el cerebro han ido adquiriendo una sofisticación creciente en los últimos ciento cincuenta años. El avance de la tecnología y la investigación han propiciado la aparición de nuevas técnicas capaces de analizar, cada vez con más detalle, la estructura y la actividad cerebral, de forma que hoy podemos observar los componentes y eventos celulares en la escala de neuronas individuales.

Sin embargo, esta revolución en los métodos de observación del cerebro es relativamente reciente. Hasta finales del siglo XX, las principales herramientas con las que contaban los neurocientíficos eran los microscopios ópticos (con sus múltiples variantes) y electrónicos, y los electrodos. Los microscopios electrónicos habían alcanzado una resolución espacial de nanómetros (la millonésima parte de un milímetro), lo que facilitaba la visualización de estructuras subcelulares como las sinapsis. Mientras que los electrodos permitían detectar potenciales de acción individuales y caracterizar sus componentes iónicos. Microscopía y electrofisiología ofrecían así información detallada imprescindible, pero desconectada una de la otra, elemental y, en último término, insuficiente para comprender el cerebro al completo.

> Cuando entendamos el cerebro, la humanidad se entenderá a sí misma.
>
> Rafael Yuste

La aparición en la década de 1990 de la imagen por resonancia magnética (IRM) supuso una auténtica revolución en el campo de la neurociencia. Aplicada al estudio del cerebro, como imagen por resonancia magnética funcional, la técnica permitía cartografiar los patrones de actividad cerebral en tiempo real durante el desarrollo de las funciones mentales y en las regiones cerebrales donde sucedía.

La IRMf inauguraba así un nuevo campo de estudio, el de la neurociencia cognitiva —que estudia los procesos biológicos subyacentes a la cognición— y, sobre todo, daba un impulso fundamental al estudio y mapeo del cerebro. Por primera vez, los científicos podían observar de forma simultánea la estructura y la actividad cerebral al completo de forma no invasiva, lo que les permitía capturar una imagen dinámica de la arquitectura funcional del cerebro, a escala de milímetros y segundos.

Esta aproximación a escala macroscópica perdía, a cambio, el detalle celular. La unidad básica de imagen tridimensional de IRMf, el vóxel, tiene una medida de 2 mm^3, un espacio donde caben varios miles de neuronas y otras células cerebrales, y se establecen millones de sinapsis. En esta escala, es imposible detectar los eventos de actividad (potenciales de acción, neurotransmisión) que se producen en neuronas individuales, o siquiera en cientos de ellas. Pero en la investigación científica, como en tantas otras áreas, los obstáculos o limitaciones a menudo encienden la mecha del ingenio y marcan el camino hacia nuevas soluciones. Así, en los últimos diez años, han surgido una gran variedad de técnicas que están revolucionando las capacidades para observar, interpretar y manipular el órgano de la mente como nunca antes ha sido posible, y que hacen que el hito de obtener un mapa definitivo del cerebro parezca cada día más cercano.

LA EXPLORACIÓN DEL CEREBRO HUMANO

Pero ¿qué entendemos por mapear el cerebro? ¿Y por qué se ha convertido en uno de los grandes retos de este siglo? El reto de cartografiar el cerebro consiste en lograr una descripción completa que englobe sus componentes más elementales y sus dinámicas globales de funcionamiento; esto es, conocer las conexiones que conforman su estructura, así como la actividad que se desarrolla en ellas.

Disponer de este mapa, nos ayudaría a hacer frente a un buen número de enfermedades, como el alzhéimer, el párkinson, o los trastornos mentales; intervenir en los procesos relacionados con el aprendizaje o el envejecimiento e incluso desarrollar técnicas o dispositivos para aumentar nuestras capacidades cognitivas. Pero sobre todo, nos permitiría obtener un conocimiento más profundo de nosotros mismos.

Por este motivo, las grandes potencias mundiales, como hicieran en su día con la exploración del espacio, se han lanzado a la carrera por la conquista del cerebro. En 2009 se puso en marcha en Estados Unidos el Human Connectome Project, con el objetivo de mapear el conectoma humano. Cinco años más tarde, en 2013, la administración de Obama lanzó la iniciativa BRAIN, para investigar y cartografiar la actividad cerebral, y ese mismo año Europa inauguró el Human Brain Project, con el que se propone emular el cerebro mediante la modelización informática para analizar el funcionamiento de nuestra mente. Estos grandes proyectos prometen dar un gran impulso al estudio del cerebro en las próximas décadas, pero, sobre todo, constituyen grandes exponentes de las tres principales vías de investigación de la neurociencia actual: la conectómica, que busca trazar el conectoma o mapa global de las conexiones neuronales del cerebro; la cartografía de la actividad cerebral, que trata de describir el tráfico bioeléctrico que fluye por las autopistas del conectoma, y la simulación a gran escala del cerebro, que persigue explicar nuestras funciones mentales a partir de modelos biofísicamente realistas capaces de reproducir las computaciones y algoritmos que genera el cerebro.

LA CONECTÓMICA: EN BUSCA DEL MAPA DE LAS CONEXIONES NEURONALES

Los axones de las neuronas pueden recorrer distancias muy largas. Para hacernos una idea, se estima que todos los axones de las neuronas del cerebro de una persona, colocados consecutivamente, alcanzarían una longitud de 150 000 km: casi la mitad de la distancia que hay entre la Tierra y la Luna. Todo ello dentro de un cráneo de un litro y medio de volumen, lo cual da una pista del gran ovillo que constituye nuestro cerebro.

FIG. 1

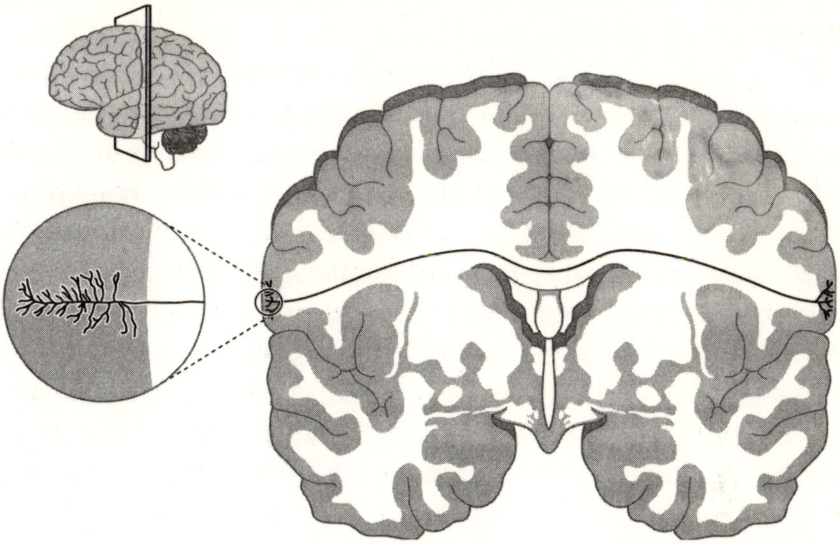

Recorrido esquemático del axón de una neurona piramidal de la corteza cerebral. Sus ramas colaterales (detalle) se despliegan en la sustancia gris, mientras que su axón se adentra en la sustancia blanca y viaja a otras regiones del cerebro.

A Sebastian Seung, uno dc los principales impulsores de la conectómica, le gusta comparar este ovillo con un gran plato de espaguetis. Así como un espagueti toca a muchos otros en el plato, cada neurona, con sus múltiples ramificaciones, establece numerosos puntos de contacto, o sinapsis, con otras neuronas.

Esta metáfora, sin embargo, palidece ante las grandes grandes magnitudes de número, escala y posibilidades que encierra el cerebro. Si tomamos como ejemplo el recorrido de una neurona piramidal típica de la corteza cerebral (fig. 1), veremos que esta orienta su axón hacia el interior del cerebro. A medida que este desciende, sus ramificaciones establecen conexiones con neuronas vecinas, pero la rama principal continúa perpendicular hasta abandonar la sustancia gris (en la parte superficial de la corteza) y sumergirse en la sustancia blanca (en el interior del cerebro), donde se reúne una gran cantidad de axones. Una vez allí, el axón prosigue su viaje a otras regiones dentro de la corteza cerebral, pero también más distantes, como el otro hemisferio cerebral, el cerebelo, el tronco encefálico o la médula espinal. En cada una de estas destinaciones, el axón, nuevamente, se ramifica y establece contactos sinápticos con nuevas neuronas.

Si multiplicamos el viaje de este único axón y las conexiones establecidas durante su trayecto por la vasta cantidad de neuronas que pueblan nuestro cerebro, podremos entender mejor el desafío al que se enfrenta la conectómica: obtener un mapa detallado de la trayectoria exacta de todos y cada uno de los axones del cerebro, y descifrar la compleja red de conexiones compuesta por infinidad de posibilidades.

Nacida de facto en la década de 1970, cuando el biólogo Sydney Brenner comenzó a mapear las conexiones cerebrales del gusano *Caenorhabditis elegans*, la conectómica debe su nombre, sin embargo, a los neurocientíficos Olaf Sporns, de la Universidad de Indiana, y Patric Hagmann, del Hospital Universitario de Lausana, quienes en 2005, de forma simultánea e independiente, acuñaron el término conectoma para referirse al mapa de conexiones neuronales del cerebro. Como decíamos en el primer capítulo, este vendría a ser un mapa de carreteras del cerebro que indica, ente otras cosas, cómo se comunican sus distintas regiones. El término se inspira en la idea del genoma humano: si el conjunto de genes forma un genoma, el conjunto de conexiones neuronales forma un conectoma.

La disciplina trata de reconstruir un mapa tridimensional y ultraestructural del cerebro, aprovechando para ello las distintas técnicas de neuroimagen disponibles. En última instancia, el reto fundamental para llegar a trazar este mapa es identificar de manera inequívoca las sinapsis que se producen en nuestro cerebro, lo que en sí mismo ya es un reto de envergadura. Conviene recordar que hasta la década de 1950 los neurocientíficos no pudieron demostrar la existencia de la sinapsis, medio siglo después de que su presencia hubiera sido intuida y debatida intensamente. Demostrarlo fue posible gracias a la aparición del microscopio electrónico, que en lugar de luz, como el óptico, utiliza un haz de electrones para visualizar la muestra, lo que aumenta la resolución espacial a una escala de nanómetros.

Los primeros pasos: del conectoma del gusano al del ratón

Como ya se ha indicado, esta valiosa herramienta también ha sido fundamental para obtener el primer y único conectoma completo del que disponemos en la actualidad, el del gusano *Caenorhabditis elegans*, un organismo con unas 300 neuronas y 7000 conexiones sinápticas. A pesar de que estas cifras son irrisorias si las comparamos con la vasta complejidad del cerebro humano, el premio Nobel Sydney Brenner y su equipo tardaron en mapear el conectoma de este singular gusano una década de trabajo, lo que da una idea de la complejidad de la tarea.

La lentitud del proceso se debe principalmente a su minuciosidad. El tejido nervioso es incoloro, así que la técnica requiere impregnar primero la muestra con una tinción que dé contraste a las estructuras celulares y permita visualizar tanto la forma y los orgánulos de las neuronas, como la sinapsis. Después, hay que seccionar el bloque de tejido en rodajas de una pocas micras (µm) de grosor y analizarlas en un microscopio que permita aumentar la imagen miles o incluso millones de veces. Solo así pueden localizarse las sinapsis que, aunque numerosas, son minúsculas si las comparamos con el tamaño de la neurona. Tanto el botón sináptico como la dendrita deben quedar contenidos en el plano de sección elegido para poder visualizar la hendidura sináptica.

Una vez obtenidas preparaciones válidas y de calidad suficiente para visualizar las conexiones sinápticas, los investigadores deben invertir horas para analizar las muestras y anotar todas las estructuras detectadas, lo que convierte el experimento en una tarea ardua y laboriosa.

La técnica empleada por Brenner difícilmente sirve para abordar el estudio del conectoma humano, ya que no es fácilmente escalable a las magnitudes de nuestro cerebro. El trabajo del biólogo, que publicó en 1986 «la estructura y conectividad del sistema nervioso» del gusano *Caenorhabditis elegans*, llevó, como decíamos antes, un decenio de trabajo; a este ritmo, completar el conectoma humano por el mismo procedimiento necesitaría varios millones de años.

Dejando a un lado la minuciosidad de este método, otros proyectos han avanzado en el mapeado del conectoma de especies con mayor complejidad neuronal. Este es el caso del Allen Mouse Brain Connectivity Atlas (Atlas de la conectividad del ratón), desarrollado por el Allen Institute for Brain Science, y el Mouse Connectome Project, del Instituto de Neuroinformática y Neuroimagen la Universidad del Sur de California, que han completado el mapa de proyecciones neuronales del roedor mediante técnicas que combinan la microscopía óptica avanzada con métodos de tinción especiales.

Los microscopios ópticos usan luz visible como fuente de iluminación y poseen una resolución espacial del orden de micras. Con ellos el procesado de las muestras gana en velocidad, pero el método de visualización es distinto. Para evitar la amalgama de sinapsis y neuronas que resultan de las tinciones usuales, se utilizan unos agentes de contraste especiales, denominados trazadores de tractos, que son capaces de trazar las conexiones que se dan entre las neuronas. Inyectando el trazador en un lugar del cerebro, es posible identificar únicamente las proyecciones de las neuronas allí conectadas. Aunque cada experimento solo ofrece información de las conexiones de un lugar (o unos pocos) donde se inyecta el trazador, las citadas iniciativas han logrado obtener el mapa de

> SYDNEY BRENNER, EL PIONERO DE LA CONECTÓMICA

Pocos científicos han sido capaces de abordar preguntas científicas tan diversas y hacerlo con tanto éxito como Sydney Brenner. Nació el 13 de enero de 1927 en Germiston, una pequeña aldea de Sudáfrica. Ninguno de sus padres, ambos inmigrantes del este de Europa, sabían leer o escribir. Pero eso no impidió que el joven Brenner terminara el colegio e iniciara sus estudios universitarios a una edad prematura. Primero se graduó en Bioquímica, y con quince años comenzó Medicina. Desarrolló su carrera investigadora entre Reino Unido, Estados Unidos y Sudáfrica, y realizó múltiples aportaciones de referencia. En la década de 1960 descubrió la existencia del ARN mensajero y elucidó que el código genético está formado por tripletes de nucleótidos. Diez años más tarde mapeó el conectoma del gusano *Caenorhabditis elegans* e identificó un proceso llamado *muerte celular programada*, por el que recibió el premio Nobel en 2002. En los años noventa, fue un promotor importante del Proyecto Genoma Humano.

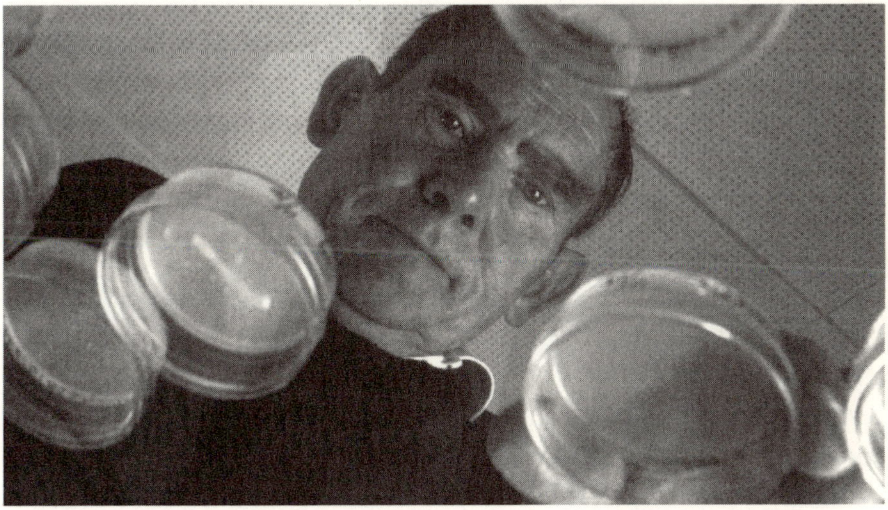

— Sydney Brenner con unas muestras de *C. elegans* en su laboratorio de Cambridge.

proyecciones del ratón aplicando esta técnica en todas las regiones del cerebro del animal.

Una aproximación al conectoma humano

Las investigaciones llevadas a cabo con estas especies han allanado el terreno para el mapeado de las conexiones neuronales de nuestro cerebro. Una de las iniciativas más ambiciosas en este sentido es el Human Connectome Project, que tiene como principal propósito construir un mapa de la conectividad del cerebro humano a partir del análisis de 1200 sujetos. Al contrario que el resto de las iniciativas abordadas, su aproximación al conectoma humano parte, sin embargo, de la macroescala: los científicos implicados en el proyecto tratan de mapear conectomas regionales, y no neuronas individuales, en una especie de atajo.

Los métodos empleados para lograr su objetivo van en consonancia con la escala de su análisis. En lugar de apostar por las técnicas de microscopía, el Human Connectome Project utiliza técnicas más vinculadas a la observación de la actividad cerebral o conectoma funcional, como la imagen por resonancia magnética funcional, y sobre todo la imagen por resonancia magnética de difusión (IRMd), en una de sus variantes más avanzadas, la imagen por tensor de difusión (ITD). La primera, como explicábamos al principio, permite visualizar las zonas que se activan en el cerebro durante el desarrollo de una función mental. Gracias a ello los neurocientíficos pueden deducir de manera sencilla qué áreas cerebrales están conectadas, ya que observan qué regiones se activan de forma simultánea.

La ITD, por su parte, permite obtener imágenes vívidas y a todo color de las innumerables fibras nerviosas de la sustancia blanca del cerebro. La técnica se basa en un trabajo del radiólogo de la Universidad de Stanford Michael Moseley, que en 1990 descubrió cómo el agua se difunde a lo largo de las fibras de sustancia blanca. La ITD mide el movimiento y la direccionalidad de las moléculas de agua a través de los tractos nerviosos del cerebro y así facilita la localización de las grandes vías de conexión entre distintas regiones del cerebro.

El uso de estas técnicas ha sido fundamental en el proceso de adquisición de datos y la información obtenida se ha puesto a disposición de la comunidad científica, dando lugar a numerosos artículos. Muchos son de carácter técnico, pero otros plantean nuevas hipótesis sobre la conectividad del cerebro, analizan regiones particulares y revelan propiedades estructurales y funcionales de los conectomas parciales.

Técnicas punteras para salvar los obstáculos

A pesar de los avances que han supuesto, ni los estudios con trazadores de tractos ni las técnicas IRM pueden identificar las conexiones de neuronas individuales. Aunque estos métodos hayan sacado a la luz patrones de conexiones generales y relaciones entre distintas áreas del cerebro, esto no alcanza a describir un mapa detallado del conectoma. Conscientes de ello, algunos investigadores están desarrollando nuevos métodos basados en la microscopía de gran resolución espacial y en la genómica.

Una de las técnicas más punteras es la microscopía electrónica de barrido en serie de imágenes en bloque (SBFSEM, por sus siglas en inglés). Esta técnica, usada por Sebastian Seung y otros investigadores, está basada en una invención del físico Winfried Denk, director del Max Planck Institute of Neurobiology, quien en 2004 presentó un microscopio electrónico que integraba en su cámara de vacío un ultramicrotomo, que es un aparato que sirve para obtener rebanadas muy fina de material.

Al exponer los bloques de tejido cerebral al flujo de electrones de microscopio, se obtiene una imagen en dos dimensiones de la cara superior del bloque. A continuación, el ultramicrotomo separa un finísimo corte de la muestra, de tan solo 25 nanómetros, y deja al descubierto una nueva cara de la que se toma otra imagen. Así hasta obtener multitud de muestras adyacentes bidimensionales del cubo de tejido cerebral.

Los investigadores apilan las imágenes obtenidas una sobre otra y las procesan para realizar una reconstrucción 3D que permite identificar las neuronas individuales y sus sinapsis. Para realizar esta laboriosa tarea, el laboratorio de Seung desarrolló un juego *online* llamado Eyewire, donde cientos de miles de voluntarios participan en la identificación de las proyecciones y sinapsis de las neuronas. El proceso es similar a colorear un libro, pero en tres dimensiones. Se identifica la proyección de una neurona en el espacio de esa pila y se colorea de un color. Se repite el proceso con una segunda neurona, en este caso con otro color. Los investigadores analizan todas las imágenes reconstruidas, localizan las sinapsis y anotan los colores de las dos neuronas involucradas en cada conexión. El propósito final es que al completar el proceso en todas las recreaciones 3D extraídas de las muestras del cerebro obtengamos un conectoma completo.

El reto es gigantesco si consideramos que una pila típica de imágenes como las que maneja el equipo de Seung es un cubo de tejido cerebral de 6 μm de lado, en el que se pueden observar fragmentos de dendritas de al menos una veintena de neuronas estableciendo centenares de contactos. Así, un cubo de muestra de este tamaño de la corteza prefrontal humana, que tiene una densidad de 11×10^8 sinapsis / mm^3, contendría unas 237 sinapsis. Pero el cerebro al completo es 250 billones ($\times 10^{12}$) veces mayor que ese fragmento, por lo que el procesado es una tarea titánica.

Por ello, Seung asevera que hallar un conectoma humano entero es uno de los desafíos tecnológicos más grandes de todos los tiempos. Gran parte de sus esfuerzos se basan en desarrollar métodos automáticos para anotar las imágenes en la identificación de sinapsis. Probablemente, el desarrollo de supercomputadores y

> ¿SOMOS NUESTRO CONECTOMA?

Una de las cuestiones que más intriga a los científicos es conocer dónde residen las claves de nuestra identidad, qué es lo que hace que tengamos distintos caracteres, potencialidades e inclinaciones. Desde hace siglos, los neurocientíficos sospechan que nuestra personalidad es un producto del cerebro, pero el investigador Sebastian Seung va más allá y defiende que las claves de lo que somos se encuentran en nuestro conectoma. Este mapa de conexiones neuronales codificaría nuestros recuerdos, hábitos, habilidades e incluso patrones emocionales. Con unos 100 000 millones de neuronas, multiplicadas por el vasto número de conexiones que establecen, el conectoma además puede existir en millones de posibles configuraciones, lo que da una idea de la gran diversidad que alberga. No hay dos conectomas iguales, sino uno distinto por cada individuo. Lejos de ser descabellada, la hipótesis de Seung parece bastante plausible. Hoy sabemos que la memoria se almacena en el cerebro mediante cambios en las conexiones sinápticas, lo que da una buena pista para rastrear nuestra identidad en un futuro.

— Seung (izquierda) y su colaborador Ashwin Vishwanathan rastrean el conectoma.

de la inteligencia artificial sería de gran ayuda en esta tarea, pero hasta que estén disponibles, Seung y sus colaboradores se conforman con algo más modesto: encontrar conectomas parciales de pequeños trozos de cerebro de ratones y humanos.

> Mapear un conectoma humano completo es uno de los desafíos tecnológicos más grandes de todos los tiempos.
>
> SEBASTIAN SEUNG

Otra técnica prometedora en el campo de la conectómica es la llamada *código de barras de conexiones neuronales individuales* (BOINC por sus siglas en inglés), que trata de automatizar la identificación de conexiones y tipos neuronales mediante el uso de máquinas de secuenciación de ADN y no microscopios. De este modo esquiva el laborioso proceso de anotación. El método surgió en 2012 cuando un equipo de investigadores dirigido por Anthony Zador, neurocientífico del Cold Spring Harbor Laboratory de Estados Unidos, tuvo la astuta idea de aplicar a la conectómica las técnicas de lectura genómica; concretamente, la denominada código de barras de ADN. Esta se utiliza en genómica para identificar a qué especie pertenece un ser vivo, aprovechando que cada una posee ciertos marcadores genéticos exclusivos, como un código de barras.

Lo que Zador hizo fue usar códigos de barras genéticos específicos para etiquetar e identificar las sinapsis y los tipos de neuronas que participan en ella. Así, cada neurona expresa un marcador diferente para cada una de sus sinapsis, y otro código de barras para el tipo de neurona que es. Además comparte estos etiquetados a través de sus sinapsis para poder identificar con qué otras neuronas conecta. La idea es que posteriormente, leyendo todo el genoma, pueda obtenerse una matriz de las relaciones existentes entre todos esos elementos.

Sin embargo, la obtención de esta gigantesca matriz de datos no aborda el aspecto espacial del conectoma, como puede hacerlo un microscopio. Identifica la conexiones, pero no permite localizar en qué zona del cerebro se producen. Es decir, para obtener un mapa del conectoma aún habría que localizar las conexiones identificadas a posteriori.

Como hemos visto, cada una de las técnicas de investigación tratadas avanza en paralelo para completar el reto del conectoma. Pero para conseguir un mapa completo del cerebro, que nos permita comprender su funcionamiento, también debemos abordar el elemento que recorre y transforma las autopistas del conectoma: la actividad cerebral.

LA CARTOGRAFÍA DE LA ACTIVIDAD CEREBRAL

Cuando al neurocientífico y psicólogo de la Universidad de Harvard, Steven Pinker, le pidieron que explicara cómo funciona el cerebro en seis palabras respondió: «Las células cerebrales disparan en patrones». Estas secuencias de disparos, orquestadas por las conexiones neuronales, constituyen la esencia de la actividad cerebral. Por eso, es fundamental conocer y describir con detalle los mecanismos moleculares que las determinan y modulan para obtener una foto dinámica del funcionamiento del cerebro que recoja su complejidad espaciotemporal.

En un sentido amplio, cartografiar la actividad cerebral consiste en identificar todos y cada uno de los eventos de la actividad neuronal —liberación de neurotransmisores e impulsos nerviosos— que tienen lugar durante todos y cada uno de los fenómenos mentales y funciones del cerebro. Los científicos han desarrollado muchos métodos para analizar tanto los eventos químicos como las señales eléctricas del cerebro, pero dado que los neurotransmisores provocan la aparición de los impulsos nerviosos, la mayor parte de los esfuerzos se han concentrado en el análisis y registro de estos últimos.

La evolución de estas técnicas ha sido similar a la de las técnicas usadas para dilucidar el conectoma. A principios del siglo XX aparecieron métodos para detectar la actividad de una neurona o un pequeño grupo de neuronas. A finales de siglo XX, los científicos desarrollaron métodos para obtener imágenes de la actividad de todo el cerebro, a costa de perder la resolución de neuronas individuales. Y en los últimos años se están desarrollando formas de aunar la resolución celular con la perspectiva macroscópica.

El desarrollo de estas integradoras técnicas se debe en gran parte al impulso proporcionado por la iniciativa BRAIN, que ha dedicado los primeros años del proyecto a investigar nuevas técnicas que permitan observar y capturar el rico y complejo mundo cerebral. Anunciado en 2013 por el entonces presidente de Estados Unidos Barack Obama, este vasto plan inspirado en el Proyecto Genoma Humano reúne una amplia colaboración público-privada con la financiación de algunas de las entidades científicas más potentes del país, como los Institutos Nacionales de la Salud (NIH), la Fundación Nacional de Ciencias (NSF) y la Agencia de Investigación en Proyectos Avanzados de Defensa, o instituciones como el Allen Institute for Brain Science y la Kavli Foundation. BRAIN tiene como objetivo reunir tecnologías ya extendidas, como las ópticas, electrónicas y de imagen, y desarrollar otras nuevas sirviéndose de los últimos avances en biología sintética y nanotecnología, como la creación de nanosondas que puedan actuar como sensores para registrar la actividad de neuronas individuales.

Aunque estas sofisticadas herramientas aún se encuentran en vías de desarrollo, los neurocientíficos no se encuentran desarmados ante la ingente tarea de cartografiar la actividad cerebral. En las últimas décadas se han producido avances tecnológicos que han permitido, por un lado, afinar el registro y el seguimiento de las señales fisiológicas de las neuronas, tanto individuales como de pequeños grupos, como los multielectrodos de alta densidad (MEA), y, por otro, capturar la actividad cerebral en tiempo real y mostrar las conexiones que se establecen entre distintas estructuras cerebrales durante el desarrollo de una función, como la IRMf (ya abordada en el apartado de la conectómica) y la tecnología de imágenes de calcio.

Modos de escuchar los disparos de las neuronas

Desde finales del siglo XIX, los neurocientíficos vienen utilizando los electrodos para registrar las señales de las neuronas en dos modalidades: el registro intracelular, en el que los electrodos se sitúan dentro de la neurona, y el registro extracelular, en el que se colocan fuera de la neurona. En ambos casos, los electrodos funcionan como en una pila electroquímica que detecta los pequeños cambios de voltaje (del orden de mV) debidos al desplazamiento de cargas eléctricas de dentro a fuera de la neurona o entre distintos compartimentos subcelulares.

Como vimos en el capítulo anterior los registros intracelulares permitieron caracterizar en la primera mitad del siglo XX la naturaleza bioeléctrica del potencial de acción. Pero a día de hoy, siguen presentando un inconveniente: su invasión de la neurona hace que esta muera al cabo de unas horas, lo que impide analizar la actividad neuronal en tiempo real durante un tiempo prolongado. El registro extracelular sortea este obstáculo y sí permite capturar la actividad neuronal durante el comportamiento. Esta variante registra las señales eléctricas de neuronas individuales, pero también las oscilaciones cerebrales de múltiples neuronas sincronizadas. Este segundo caso constituye la base de la electroencefalografía, una técnica clásica, creada en 1929 por el neurólogo alemán Hans Berger que, por su gran resolución temporal, sigue utilizándose para investigar el cerebro, como complemento a otros métodos más avanzados. Como inconveniente, tiene escasa resolución espacial: solo sabemos que la señal procede de la región más superficial del cerebro, pero no de dónde exactamente, y tampoco identifica neuronas individuales.

Es evidente que, de cara al mapeo de la actividad cerebral, este tipo de registros son demasiado restringidos. Se requieren otras aproximaciones que permitan capturar grandes fracciones macroscópicas del cerebro sin perder a la vez el detalle de la neurona.

En la segunda mitad del siglo pasado, varios equipos de investigadores empezaron a fabricar sistemas de matrices de multielectrodos (más conocidas por su nombre en inglés, *multielectrode arrays*), una especie de pequeños chips que contienen hasta un centenar de electrodos organizados en una cuadrícula, de modo que cada electrodo puede registrar la actividad de una neurona. Los MEA comenzaron empleándose en cultivos de células, pero pronto se adaptaron para su implantación en el sistema nervioso de animales de laboratorio, permitiendo medir la actividad de decenas o cientos de neuronas.

Gracias a ellos se han realizado descubrimientos tan destacados como el de las neuronas espejo, que se activan tanto al realizar una acción como al observar a otro individuo realizarla; o las «neuronas de lugar» y las «neuronas de red», que constituyen una especie de sistema de navegación que nos ayuda a orientarnos en el espacio.

En este enfoque técnico, los esfuerzos actuales se centran en aumentar el número de electrodos en las matrices, para monitorizar el flujo de actividad en cientos o miles de neuronas en los circuitos locales del cerebro, y a la vez disminuir su tamaño para reducir el daño causado al implantarlos, por ejemplo con electrodos de silicio. Las posibilidades de esta técnica son muy prometedoras, pero siempre considerando que puede actuar únicamente sobre regiones limitadas del cerebro, sobre todo subdivisiones de la corteza, más accesibles por su localización externa.

Sin embargo, una neurona o unas pocas no proporcionan información suficiente para explicar cómo se produce un proceso mental. ¿Cómo se activan e interconectan las neuronas cuando realizamos

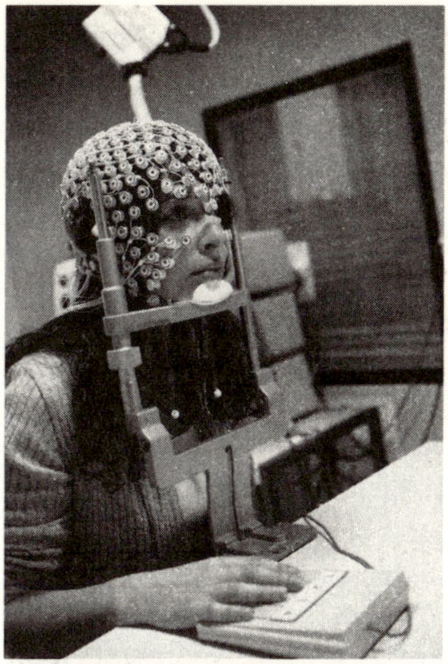

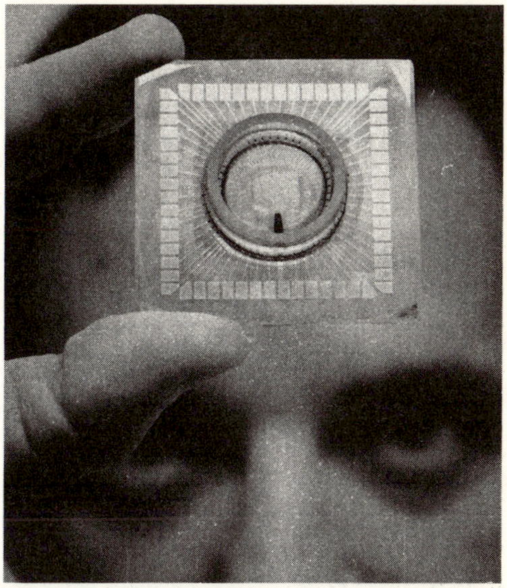

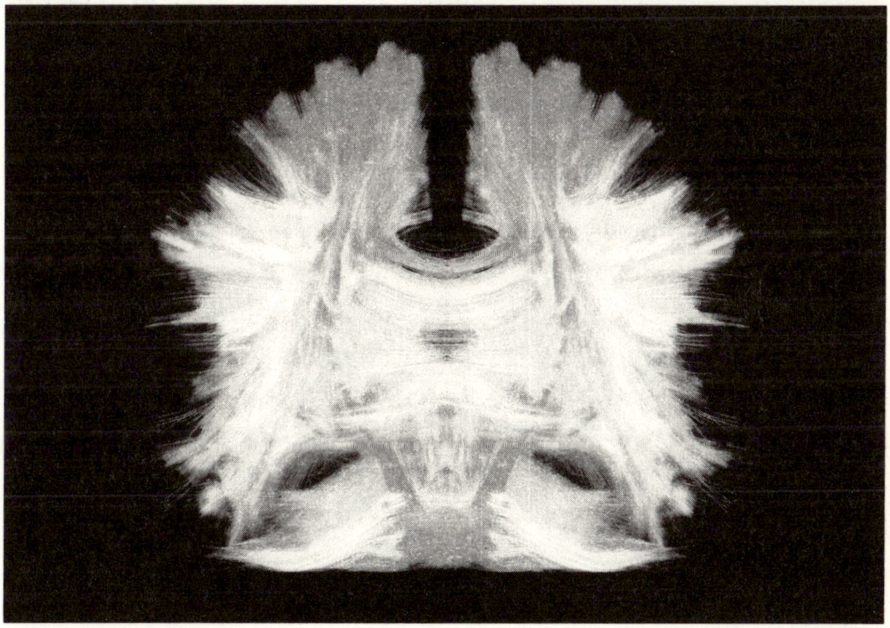

Arriba, una mujer con un casco de electrodos durante un EEG (izquierda), y matriz de multielectrodos (derecha). Abajo, vista de las fibras nerviosas de la materia blanca obtenida mediante imagen por tensión de difusión.

una función? ¿Qué papel desempeña cada una de ellas en la representación neuronal del proceso o estado mental? Es necesario comprender las dinámicas de activación en el cerebro al completo para explicar las bases cerebrales del comportamiento y la cognición.

La revolución de la imagen macroscópica

La aparición en la década de 1990 de la imagen por resonancia magnética funcional revolucionó el estudio del cerebro, dando uno de los mayores impulsos al cartografiado macroscópico de la actividad cerebral. Esta técnica detecta flujos de sangre hacia determinados lugares del cerebro. Así, proporciona un indicador indirecto de la actividad neuronal en determinadas regiones, lo que ha permitido asociar ciertos procesos mentales con la actividad de regiones cerebrales concretas.

El método ha revelado que no solo hay una región, sino múltiples de ellas activadas durante cualquier proceso mental. Incluso en reposo, cuando no se hace nada, muchas regiones del cerebro están activas. Existen redes neuronales que operan de manera funcional y mantienen al cerebro en un estado de ahorro de energía, pero listo para responder a los estímulos sensoriales. En definitiva, la IRMf ha permitido visualizar la arquitectura funcional del cerebro y revelar algunos de sus rasgos fundamentales.

Sin embargo, si las técnicas de registro con electrodos no alcanzaban a visualizar el cerebro en su conjunto, la IRMf presenta el inconveniente opuesto: no tiene resolución celular. Los últimos avances tratan de tender un puente entre ambas y combinar el detalle microscópico y escala macroscópica. Los métodos son muy variados, y algunos recurren a las herramientas que ofrece la biología molecular y el uso de sofisticados microscopios.

Este es el caso de la tecnología de imágenes de calcio, que trata de monitorear cómo las neuronas se coordinan entre sí para realizar una determinada acción. El método se basa en la detección de iones de calcio (Ca^{+2}) en las neuronas. Durante la neurotransmisión por glutamato, principal forma de neurotransmisión en el cerebro, los niveles de calcio aumentan en los dos elementos de la sinapsis, el botón sináptico y la dendrita. El procedimiento consiste en usar una proteína llamada GCaMP, desarrollada en 2001 por el neurocientífico japonés Junichi Nakai, que cambia su fluorescencia en función de la concentración de calcio. Al ser una proteína, puede introducirse mediante ingeniería genética en las neuronas de cualquier organismo de laboratorio. De este modo, las neuronas se iluminan cuando están activas y su actividad puede ser rastreada con un microscopio de fluorescencia adecuado.

Hacia la integración del conectoma y la actividad cerebral

Estos esfuerzos de monitorización de la actividad cerebral a micro y macroescala, sin embargo, tampoco proporcionan una imagen completa del cerebro. El futuro de la cartografía cerebral, probablemente, pasa por construir un mapa que incorpore no solo la actividad, sino también el conectoma y otros elementos de los distintos niveles de complejidad del cerebro. En este sentido, el estado actual de la tecnología facilita una sofisticada integración de datos procedentes de distintos enfoques de investigación.

Un ejemplo es el proyecto MindScope del Allen Institute, que persigue reunir datos de la actividad, conectividad, morfología y caracterización molecular de las neuronas para describir en profundidad los distintos tipos neuronales existentes dentro de un subsistema cerebral. La ingente cantidad de datos que implica hace que por el momento resulte imposible abordar el cerebro al completo, por lo que los investigadores se han centrado en el sistema talamocortical del ratón y, en particular, en el sistema visual, donde pretenden caracterizar hasta cien tipos de neuronas diferentes.

El repertorio de técnicas incluido en el proyecto es extenso y reúne prácticamente todas las expuestas con anterioridad: desde los registros celulares, hasta los trazadores de tractos, la microscopía electrónica tridimensional, el uso de MEA y la imagen de calcio con microscopía de dos fotones. El objetivo es obtener el mapa de proyecciones neuronales y el diagrama detallado de las señales que fluyen entre los distintos tipos de neuronas de las regiones visuales del animal.

El enfoque exhaustivo del proyecto MindScope, hoy aplicado a una porción limitada del cerebro de un animal, insinúa el camino hacia un estudio integrado del cerebro humano al completo. En esta línea de trabajo opera ya el genetista de la Universidad de Harvard George Church, que trata de dar con el experimento definitivo que revele el conjunto de datos del cerebro en todas y cada una de sus neuronas y niveles de complejidad. Lo denomina el cerebro Rosetta, por analogía con la piedra que permitió descifrar los jeroglíficos egipcios grabados en ella al incluir una traducción a dos lenguas.

La propuesta de Church, enmarcada en la iniciativa BRAIN, adapta la técnica de los códigos de barras de ADN vista antes para estudiar el conectoma estructural y la expande para registrar, además de las conexiones neuronales y el tipo de neurona, el linaje embrionario de la célula, la historia de la actividad y los cambios moleculares ocurridos en ella, y el tipo y fuerza de sus conexiones con otras neuronas. Para añadir la dimensión de la ubicación espacial de la que carecía la técnica BOINC, Church combina la secuenciación del ADN con la hibridación *in situ*, un método que revela la localización de los códigos de barras directamente en los tejidos donde se encuentran.

Con un método semejante, el cerebro de Rosetta ofrecería la información suficientemente detallada con la que equiparar y deducir el código encriptado de la actividad neuronal, la conectividad,

> EL PECULIAR BRILLO NEURONAL DEL PEZ CEBRA

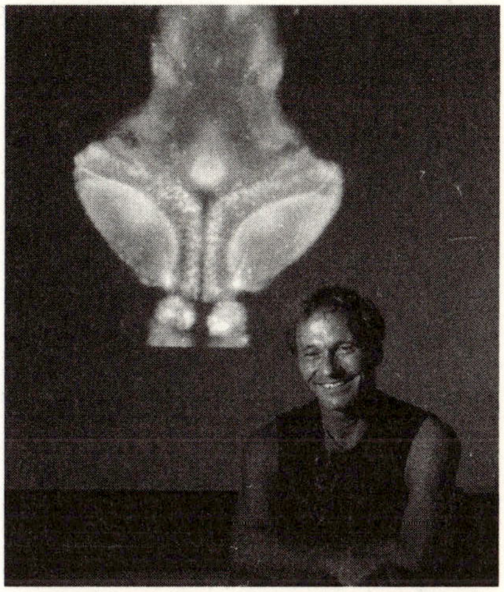

— Florian Engert en la Universidad de Harvard. A su espalda, imagen de la actividad cerebral del pez cebra.

La observación en tiempo real de las señales neuronales ofrece una valiosa información de cómo el cerebro reacciona ante los estímulos externos. Para capturar y analizar esta actividad, los neurocientíficos Florian Engert, de la Universidad de Harvard, y Misha B. Ahrens, del Howard Hughes Medical Institute, decidieron aplicar la tecnología de imágenes de calcio al estudio del cerebro del pez cebra. Su transparencia y su diminuto tamaño, de unos pocos milímetros, permitió a los investigadores monitorizar la actividad de 80 000 de las 100 000 neuronas que contiene su cerebro. Para visualizar sus circuitos cerebrales, utilizaron un microscopio de lámina de luz adaptado, que podía tomar imágenes varias veces por segundo en cada punto de la muestra. Bajo su óptica, las señales neuronales se mostraban fluorescentes, ya que las neuronas del pez cebra habían sido marcadas con la proteína GCaMP7a. Gracias a esta investigación, Engert y Ahrens descubrieron que el cerebro del pez nunca se encuentra inactivo. Además, en 2016 identificaron una región cerebral causante de los movimientos musculares asociados a una conducta de exploración característica y trazaron la actividad de la red neuronal completa. Este logro hace pensar en las posibilidades de este estudio, que permitirá dar los primeros pasos en la exploración de las operaciones computacionales generadas por redes neuronales durante el comportamiento. Una vez se comprenda un cerebro sencillo como el de la larva del pez cebra, será más factible abordar la complejidad del cerebro humano.

y los demás niveles de análisis. Sin embargo, una vez obtenida esa ingente cantidad de datos, el siguiente reto sería cómo manejarla, analizarla y comprenderla. Aquí es donde entra en juego una nueva faceta imprescindible en la neurociencia actual, donde cada vez más instituciones se unen para compartir información de sus proyectos: la simulación *in silico*, o en el ordenador.

SIMULACIÓN A GRAN ESCALA DEL CEREBRO

Desde hace mucho tiempo, los científicos tienen evidencias contundentes de que nuestras funciones mentales, desde la percepción sensorial al pensamiento o la conciencia, emergen de los circuitos neuronales. Pero aún desconocen cómo ocurre. Por eso ahondan en el funcionamiento de estos circuitos, en cómo son y cómo funcionan, con la esperanza de poder comprender nuestra mente.

Con el mapeo del conectoma y la actividad cerebral podríamos disponer de una descripción exacta del sistema. Sin embargo, aún quedaría pendiente una cuestión fundamental: establecer la relación causal entre los elementos y eventos esenciales registrados y los fenómenos globales del cerebro. ¿De qué manera un patrón exquisitamente detallado de cambios moleculares, eventos sinápticos y potenciales de acción explica un fenómeno mental?

Por ahora, los neurocientíficos han asociado la estructura y actividad del cerebro a los fenómenos mentales, pero no han logrado demostrar cómo los eventos que se producen en él son la causa de dichos fenómenos. Para demostrarlo, existe una aproximación teórica que se basa en crear un modelo.

Los modelos matemáticos consisten en abstracciones que relacionan los componentes de un sistema con los eventos que generan. *A priori* no sabemos si el modelo, al fin y al cabo un constructo teórico, es correcto. Pero hay formas de probarlo. Una de ellas es lanzar una simulación y observar que efectivamente tiene lugar el fenómeno que el modelo pretende describir. Otra forma es contrastar sus resultados mediante la experimentación. Si el resultado de la prueba coincide con la predicción del modelo, corrobora que este es correcto; si no es así, ofrece nuevos datos con los que refinar el modelo y aproximarlo más a la experiencia real.

> No puedo entender lo que no puedo crear.
>
> RICHARD FEYNMAN

Hoy existen diferentes tipos de modelos con distintos objetivos. Algunos persiguen explicar los principios de la computación del cerebro al nivel de las neuronas individuales, para describir cómo a partir de miles de entradas sinápticas y de la excitabilidad de cada neurona se generan o no los potenciales de acción y sus patrones temporales en disparos aislados o ráfagas. Otros modelos buscan describir las dinámicas de actividad colectiva en grandes redes de neuronas y cómo estas varían durante el comportamiento. Una aproximación de este tipo es el proyecto MindScope mencionado anteriormente. Además de describir el detalle de las conexiones, marcadores moleculares y actividad de cientos de tipos de neuronas en el sistema talamocortical visual, el proyecto plantea generar modelos y simulaciones para extraer los principios de funcionamiento de esas redes neuronales.

Pero sin duda alguna, uno de los proyectos más ambiciosos en cuanto a modelización se refiere es el Human Brain Project, una iniciativa impulsada por la Unión Europea cuyo objetivo final es integrar datos obtenidos en distintas investigaciones para llevar a cabo una simulación del cerebro humano al completo. Para lograrlo, el proyecto pone a disposición de los científicos una plataforma que permite crear modelos de funcionamiento en cada uno de los distintos niveles de complejidad, utilizando parámetros obtenidos mediante la experimentación en cada uno de ellos (proyecciones, densidad neuronal, densidad sináptica, marcadores moleculares, etc.).

En cada nivel, los modelos que coinciden con los datos empíricos permiten extraer nuevos parámetros para alimentar los demás modelos. Por ejemplo, a partir de los datos moleculares y genéticos, los modelos intentan predecir la morfología de la neurona; a partir de la morfología, el comportamiento eléctrico de las neuronas; a partir de la proximidad de las prolongaciones nerviosas (dendritas y axones), la conectividad. Y así sucesivamente hasta que sea posible crear modelos de redes neuronales grandes y, en último término, el cerebro completo. Para integrar las distintas recreaciones parciales, el proyecto planea publicar revisiones de modelos unificados del cerebro que reproduzcan la mayor cantidad de evidencias disponibles, lo que se refinará progresivamente con nuevos datos experimentales.

Pero como explicábamos antes, el fin último de la actividad cerebral es generar comportamiento, por lo que es necesario incorporar también este nivel en un modelo completo del cerebro. Para ello, el Human Brain Project planea usar una plataforma de neurorrobótica que, mediante simulaciones del cuerpo y los órganos sensoriales, proporcione información sensorial al cerebro simulado y traduzca sus comandos motores en forma de movimientos virtuales.

Un factor limitante a la hora de realizar simulaciones que se aproximen al cerebro humano es la capacidad de computación de los ordenadores actuales. Si bien, tarde o temprano, esta limitación desaparecerá, existe un debate sobre qué fragmentos y parámetros del cerebro priorizar. Una estrategia alternativa al Human Brain Project consiste en simplificar el modelo, pero abarcando los rasgos globales del cerebro y varios de sus niveles de complejidad, incluido el comportamiento y la relación con el entorno.

Este es el caso de Spaun (siglas de *Semantic Pointer Architecture Unified Network*), un modelo de simulación creado por Chris Eliasmith, director del Centro de Neurociencia Teórica de la Universidad de Waterloo (Canadá). Este cerebro virtual simplificado (fig. 2) consta de 2,5 millones de neuronas que se organizan en base a las principales áreas anatómicas y circuitos neuronales del cerebro hu-

FIG. 2

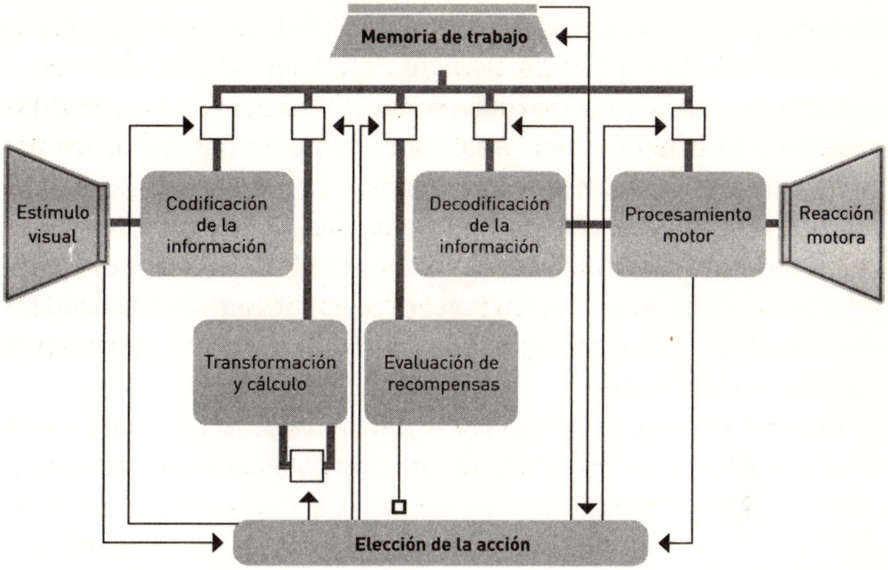

Diagrama que ilustra el funcionamiento de Spaun: los módulos que integra, los procesos que realizan y cómo interaccionan unos con otros.

mano. Spaun posee una corteza cerebral con una región frontal que almacena memoria de trabajo y monitoriza el contexto; y una región occipital que le permite reconocer dígitos escritos a mano que nunca antes ha visto. Tiene ganglios basales que le ayudan a aprender nuevas estrategias de comportamiento y controlar el flujo de información a través de la corteza. Sus neuronas están modeladas de forma simple mediante unas pocas ecuaciones y utilizando solo uno entre cuatro neurotransmisores. Para simular su interacción con el entorno, posee un ojo capaz de reconocer imágenes digitales y proporcionarle información del entorno, y un brazo robótico con el que puede escribir.

Spaun puede realizar hasta ocho tareas sencillas, como contar y leer cifras o reconocer formas geométricas, y escribir dígitos que previamente ha reconocido y recordado. Además es capaz de aprender, y sus conductas son similares a las humanas en ciertos aspectos. Por ejemplo, tiene nuestro mismo tiempo de reacción al contar cifras, la misma frecuencia de errores en tareas de memoria a corto plazo, e incluso el mismo resultado promedio que los humanos en un test estándar de inteligencia llamado *matrices progresivas de Raven*, basado en resolver secuencias de figuras geométricas en las que hay que deducir una pieza que falta.

Además del Human Brain Project y Spaun, están surgiendo otras muchas iniciativas que pretenden unirse al desafío de afrontar la ingeniería inversa del cerebro para simularlo de forma artificial. Es de esperar que en un futuro estos proyectos revelen respuestas y eleven nuevas preguntas que nos permitan alcanzar la comprensión de la mente humana.

HACIA UNA NEUROCIENCIA DE SISTEMAS

Cada una de las líneas que hemos explorado, la conectómica, la cartografía de la actividad cerebral y la simulación del cerebro, proporciona pistas imprescindibles sobre el funcionamiento del cerebro humano; pero ninguna de ellas es capaz de explicar por sí misma su vasta complejidad. Ni siquiera es sencillo aunar los resultados de todas estas aproximaciones, cada una de ellas con huecos explicativos que las otras no tienen por qué rellenar.

Disponer de un mapa del conectoma ofrece información sobre la arquitectura del cableado neuronal, pero no explica la naturaleza excitadora o inhibidora de las sinapsis, y solo muestra una imagen estática del cerebro, al ignorar las reglas de la plasticidad cerebral.

Cartografiar la actividad cerebral puede ofrecernos mucha información sobre cómo emergen las funciones mentales de los circuitos neuronales, sin embargo no es suficiente para reconstruir la conectividad.

Las simulaciones son métodos poderosos para integrar la información que disponemos del cerebro en modelos predictivos que puedan compararse con la evidencia empírica, pero sin datos más refinados, completos y multidimensionales que los mapas de actividad y los conectomas, pueden quedar demasiado condicionadas y limitadas como para reflejar los aspectos más relevantes del funcionamiento del cerebro.

Sigue haciendo falta una piedra Rosetta del cerebro, que permita recoger todos los datos e integrarlos para obtener la clave del jeroglífico. Como hemos visto, hoy la neurociencia se escribe en clave de multidisciplinariedad, de grandes proyectos de colaboración y de plataformas que ponen a disposición de toda la comunidad científica datos cada vez más refinados y herramientas de simulación. En ellos está la clave del progreso hacia la comprensión del cerebro. Cuando lo comprendamos, seremos capaces de dar el siguiente paso: repararlo y potenciarlo con seguridad.

04

LA REVOLUCIÓN NEUROTECNOLÓGICA

El progreso en el estudio del cerebro ha abierto la puerta a una revolución neurotecnológica que pone a nuestra disposición sofisticados sistemas para conectar nuestro cerebro a las máquinas y restituir algunas de nuestras funciones. Esta conexión promete ayudarnos a trascender, en un futuro, los límites de nuestra naturaleza.

En 1944 el físico y premio Nobel Erwin Schrödinger publicó un influyente libro titulado *¿Qué es la vida?* En él planteaba una serie de cuestiones que, a su juicio, la ciencia debía responder para poder explicar la naturaleza física y química de los seres vivos. La comprensión del cerebro ya era en aquella época una de las grandes metas científicas, y Schrödinger también recogió algunas reflexiones relacionadas con la forma de entender, desde un punto de vista mecanístico, aspectos del cerebro como la conciencia, la subjetividad o la percepción unitaria de la mente.

Medio siglo más tarde, en 1995, diversos científicos de prestigio homenajearon a Schrödinger con otro libro titulado *¿Qué es la vida? Los próximos 50 años*, en el que dieron respuesta a algunas de las preguntas que el físico había planteado en su obra y actualizaron las que la ciencia aún debía resolver. De nuevo, comprender el cerebro aparecía entre los deberes pendientes. Además, en esta ocasión los científicos también especularon con el impacto que el progreso de la ciencia tendría en nuestra sociedad a corto o medio plazo. Uno de ellos fue el químico y premio Nobel Manfred Eigen, quien vaticinó que en las décadas siguientes veríamos personas con capacidades sobrehumanas como consecuencia de la fusión entre el ser humano y el ordenador.

Eigen no basaba su pronóstico en la ficción, sino en la ciencia y la tecnología del momento. En la última década del siglo pasado ya existían ejemplos de integración entre ser humano y máquina, como los marcapasos cardíacos o los implantes cocleares, y comenzaban a ponerse en marcha proyectos de investigación destinados a lograr una integración más completa.

Esta integración se ve reflejada hoy en sofisticadas interfaces cerebro-ordenador, sistemas que comunican de forma directa el cerebro con un dispositivo externo, una máquina, y que, en los últimos años, han conseguido logros clínicos extraordinarios, como devolver la capacidad para sentir, moverse o comunicarse a personas que se habían visto privadas de ellas por un accidente o enfermedad.

Estas BCI son la punta de lanza de una revolución neurotecnológica que no solo promete reparar y restaurar nuestras capacidades, sino también dar un paso más allá para ampliarlas y redefinir nuestras potencialidades como seres humanos. Esta revolución ha sido posible gracias a los avances que se produjeron en el siglo XX en el estudio del cerebro y, sobre todo, al progreso experimentado en campos como la neurocirugía y la neuroimagen. Gracias a ellos, los científicos han comenzado a descifrar causalmente el lenguaje del cerebro y a realizar intervenciones sobre él de forma similar a como hacen los informáticos que *hackean* un código de programación. Y más aún, la convergencia de la neurociencia con disciplinas como la informática, la electrónica, la genética o la robótica ha abierto las puertas a nuevas estrategias para intervenir y modificar la actividad del cerebro, como la estimulación eléctrica y magnética, la optogenética o los implantes cerebrales que, mediante BCI, ya son capaces de traducir bidireccionalmente el lenguaje de los impulsos nerviosos al lenguaje de autómata de las máquinas.

MODULAR LA ELECTRICIDAD CEREBRAL

El cerebro es un órgano cuya actividad se basa, fundamentalmente, en un mecanismo eléctrico-químico. Gracias a él, como hemos visto anteriormente, se propaga el impulso nervioso. Tradicionalmente, los científicos han tratado de modular la actividad cerebral actuando sobre el factor químico. En el siglo XX, sin embargo, comenzaron a surgir una gran variedad de procedimientos dirigidos a modular la actividad eléctrica del cerebro, con el fin de corregir el defecto o exceso de actividad cerebral que se sucede en algunas enfermedades.

La estimulación transcraneal

Desde que Volta y Galvani descubrieran la electricidad en el siglo XVIII, los científicos han buscado la forma de modular el sistema nervioso mediante la electricidad. Ya entonces comenzaron a aplicarse corrientes eléctricas sobre el cráneo de pacientes aquejados de determinadas enfermedades psiquiátricas. Estas prácticas, denominadas electroterapia, cristalizaron en el siglo XX en la terapia de electroshock, que empleaba corrientes intensas para provocar convulsiones epilépticas. En los años ochenta, los neurocientíficos recuperaron esta forma de estimulación usando corrientes de intensidad más suave, que aplicaban mediante dispositivos colocados sobre la piel del cráneo, de manera indolora y no invasiva. Estas técnicas se emplearon primero para mapear vías cerebrales; pero más tarde, cuando se constató que podían estimular la actividad de regiones delimitadas del cerebro, comenzaron a aplicarse al tratamiento de enfermedades.

En 1985, el británico Anthony Barker y sus colaboradores publicaron un nuevo método de estimulación cerebral externa a través del cráneo que sustituía los electrodos y las corrientes eléctricas por el uso de bobinas de imanes para generar campos magnéticos. Así, hoy la estimulación transcraneal toma dos formas diferentes, la estimulación eléctrica transcraneal (EET) y la estimulación magnética transcraneal (EMT). Ambas formas, EET y EMT, tienen una lógica de funcionamiento similar. Dado que las neuronas funcionan por potenciales de acción a través de canales de iones dependientes de voltaje, la introducción de un campo eléctrico externo puede facilitar, dificultar, inducir o bloquear este flujo nervioso. Pero ambas técnicas generan campos eléctricos por distintos medios, y sus efectos no son idénticos, aunque en muchos casos aún no se conocen en profundidad.

La EET, históricamente más antigua y hoy minoritaria, consiste en crear una corriente eléctrica a través del cerebro. Para lograrlo, se colocan sobre el cráneo dos o más electrodos de distinta polaridad contenidos en parches. Como en todo circuito eléctrico, la corriente fluye desde el polo positivo (ánodo) al polo negativo (cátodo). En el tejido cercano al polo negativo, la acumulación de cargas negativas en el entorno extracelular causa una atracción de cargas positivas en el interior de las neuronas, lo que despolariza la membrana. De este modo, esta se acerca a su umbral de descarga para poner en marcha el potencial de acción. El efecto, en definitiva, es que aumenta la excitabilidad de las neuronas y las hace dispararse más fácilmente. Justo lo contrario ocurre cerca del polo positivo, donde la neurona se hiperpolariza, es decir, queda inhibida cuando el potencial de su membrana se vuelve más negativo y se aleja del umbral de descarga.

Una de las variantes de la EET más utilizada es la estimulación transcraneal con corriente directa (ETCD), en la que las cargas fluyen siempre desde un electrodo determinado al otro. La ETCD sirve tanto para facilitar la activación de ciertas neuronas (despolarizar) como para inhibirla (hiperpolarizar), dependiendo de las zonas de la cabeza donde se coloquen los electrodos.

En todo caso, es importante destacar que la corriente generada por la ETCD no es suficiente para producir potenciales de acción, y que a día de hoy aún se desconocen los mecanismos exactos por los que modifica la actividad cerebral.

Por su parte, la EMT se basa en el principio de inducción electromagnética descubierto en 1831 por Michael Faraday, según el cual un campo magnético cambiante es capaz de generar una corriente en un conductor eléctrico que se encuentre cerca de él. En este caso, el conductor son las neuronas; la baja resistencia del cráneo al campo magnético hace que este lo atraviese con facilidad. El campo magnético se genera sobre la cabeza utilizando imanes en forma de 8. En el lugar donde convergen los campos de los dos círculos, se induce un campo eléctrico en un área pequeña, de entre 2 y 4 cm^2. A diferencia de la EET, la EMT sí es capaz de disparar las neuronas, y siempre produce activación. No obstante, también puede utilizarse con efecto general inhibidor, utilizando pulsos de baja intensidad que activan sobre todo neuronas inhibidoras.

Una peculiaridad de la estimulación transcraneal, ya sea EET o EMT, es que sus efectos pueden prolongarse en el tiempo más allá de la duración del procedimiento. En investigación básica, para rastrear las conexiones entre regiones cerebrales, o cuando se trata de localizar una zona afectada en el cerebro de un paciente, los pulsos se aplican de manera esporádica. Pero si se utilizan de forma periódica en sesiones repetidas, pueden lograrse cambios duraderos en la actividad cerebral. Estos cambios se deben a la plasticidad neuronal del cerebro, que hace que las conexiones sinápticas se refuercen o debiliten en función de su uso o desuso. Los pulsos con una alta frecuencia facilitan la transmisión sináptica y producen una potenciación a largo plazo, mientras que los de baja frecuencia debilitan la transmisión sináptica, e inducen el fenómeno contrario.

Pero ¿cuál es el efecto terapéutico de estos métodos? Ambas técnicas, EET y EMT, tienen un gran potencial clínico por su capacidad de modular la actividad del cerebro simulando su funcionamiento natural, ya que las corrientes eléctricas generadas son suaves. Pero esta suavidad también tiene su contrapartida, y es que los efectos

> LA ESTIMULACIÓN MAGNÉTICA TRANSCRANEAL

Desde que en 1985 el médico británico Anthony Barker y su equipo del Royal Hallamshire Hospital mostraran que podían activar la corteza motora utilizando corrientes magnéticas, la estimulación magnética transcraneal se ha revelado, en cientos de estudios, como un método capaz de modular numerosas funciones y procesos cerebrales. La técnica, de carácter no invasivo, consiste en aplicar campos magnéticos sobre el cráneo del paciente mediante bovinas de imanes en forma de ocho. Estas generan una corriente eléctrica capaz de activar las neuronas. Cuando se aplican pulsos de baja intensidad, que activan las neuronas inhibidoras, el efecto puede reducir la actividad cerebral de determinados circuitos neuronales.

La técnica se utiliza hoy para tratar la depresión en pacientes que ofrecen resistencia a la medicación, y también se está probando su eficacia para reducir los efectos de otras enfermedades, como la esquizofrenia, la epilepsia o el párkinson. Sin embargo, todavía se desconocen los cambios exactos que la EMT produce en el cerebro.

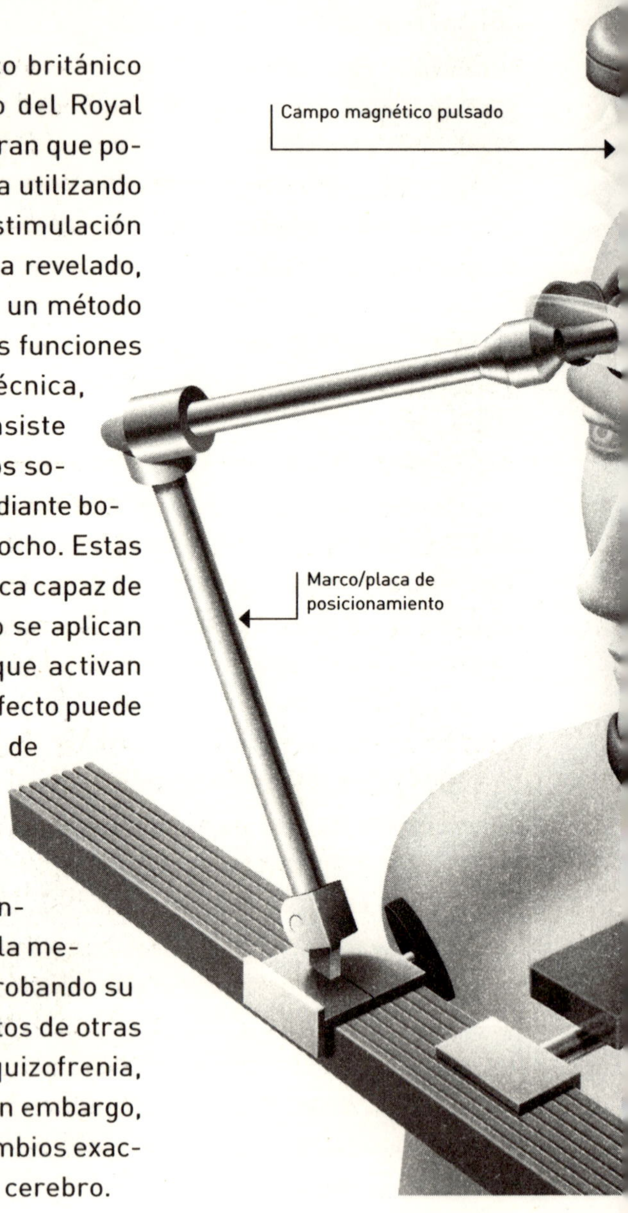

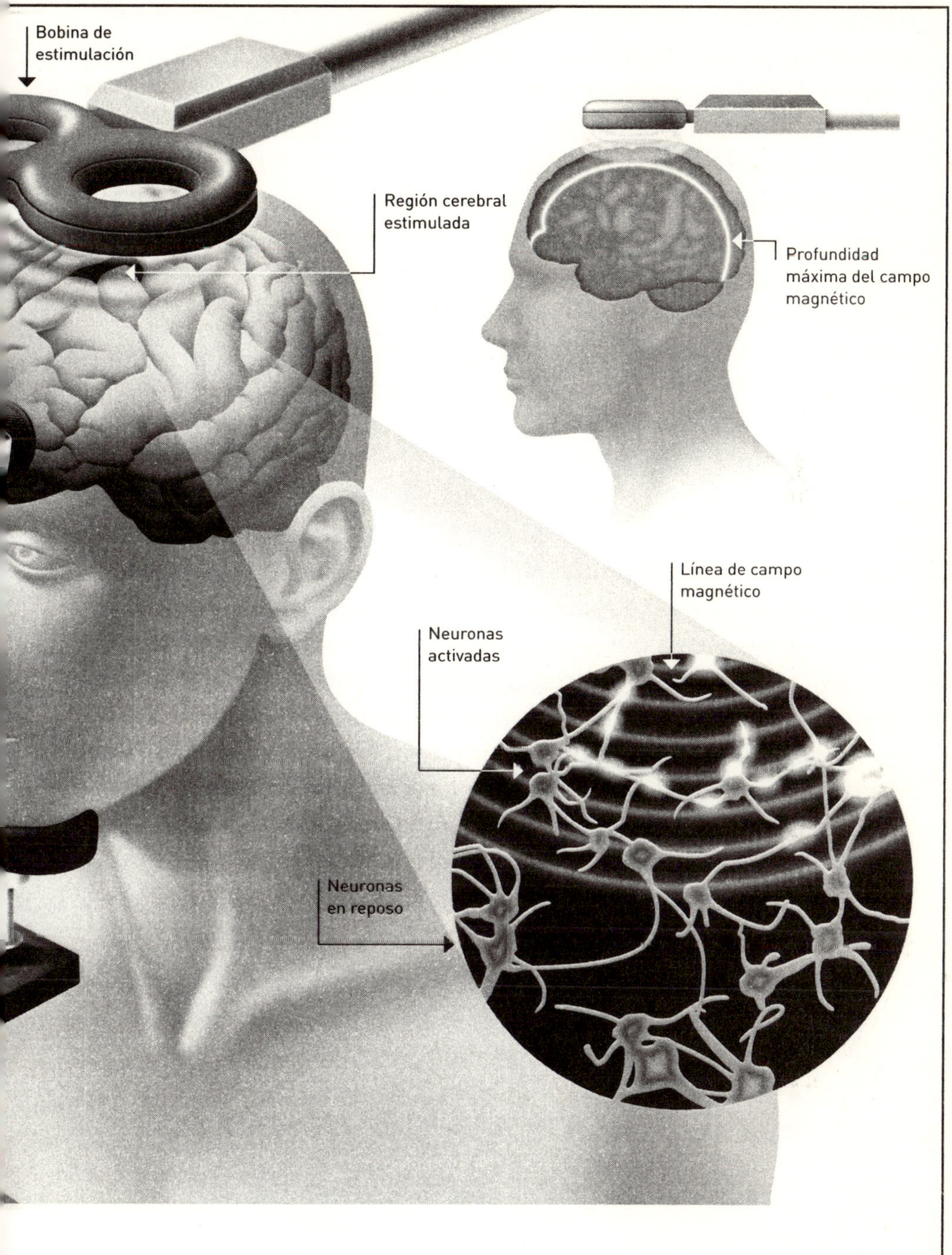
Bobina de estimulación
Región cerebral estimulada
Profundidad máxima del campo magnético
Línea de campo magnético
Neuronas activadas
Neuronas en reposo

son moderados y no pueden penetrar más allá de la superficie del cerebro. Lo cierto es que, hasta hoy, la EMT solo ha mostrado alguna posible eficacia en el tratamiento de la depresión, la única indicación aprobada actualmente por el órgano regulador de EE.UU., la Administración de Alimentos y Medicamentos (FDA). Sin embargo, hay numerosos estudios en marcha que están poniendo a prueba su utilidad para el trastorno obsesivo-compulsivo, la epilepsia, la esquizofrenia, la rehabilitación tras un infarto cerebral, el párkinson o la adicción a drogas. En cuanto a la EET, todavía no tiene ningún uso aprobado por la FDA u otra agencia reguladora, pero es también objeto una intensa investigación.

La estimulación cerebral profunda

Si se pretende manipular la actividad en capas más profundas del cerebro, y actuar sobre las regiones deseadas de forma más específica, ya no basta con colocar electrodos o imanes sobre el cuero cabelludo: hay que penetrar en su interior. La estimulación cerebral profunda (ECP) busca alterar el funcionamiento de determinados circuitos neuronales mediante la implantación en el cerebro de un dispositivo neuroestimulador. Su uso está enfocado a restaurar las funciones sensoriales y el control de los órganos internos, y hoy se utiliza sobre todo en el tratamiento del párkinson y otros trastornos, caracterizados por un exceso de movimientos involuntarios y una dificultad para ejecutar los voluntarios.

La ECP nació a mediados de la década de 1980, cuando el neurocirujano francés Alim Louis Benabid y su equipo del Hospital de la Universidad de Grenoble descubrieron que la aplicación de una corriente por medio de electrodos colocados en una región profunda del cerebro, el tálamo motor, controlaba los temblores en pacientes con párkinson. Después se exploró la estimulación de otras regiones, y hoy la técnica suele aplicarse sobre todo en el núcleo subtalámico, donde la estimulación produce una mejoría global en la función motora de entre un 60 y un 70 % de los pacientes de párkinson. Sin embargo, la cirugía para implantar los electrodos es complicada, por lo que solo se recurre a este método en un 10 % de los pacientes.

Aunque todos estos procedimientos —EET, EMT y ECP— se muestran prometedores a la hora de modular la actividad cerebral, todavía se desconocen los mecanismos de acción por los que cada uno de ellos tiene determinados efectos. La complejidad para calcular estos efectos se debe a que en toda región cerebral existen distintos tipos de neuronas y conexiones, que pueden activarse o inhibirse, y saber cómo les afecta la aplicación de un campo eléctrico es difícil, ya que depende de muchos factores: desde los parámetros de la estimulación (voltaje, frecuencia de pulsos, etc.) a la orientación y posición de las neuronas respecto a los electrodos.

En última instancia, estas intervenciones permiten actuar sobre pequeñas regiones del cerebro o grupos de neuronas, pero si se persigue una mayor precisión hay que recurrir a otras técnicas.

LA OPTOGENÉTICA: CONTROLAR LAS NEURONAS MEDIANTE LA LUZ

El constante avance de la ingeniería genética está permitiendo, en los últimos años, desarrollar técnicas que nos permiten desde mapear las conexiones neuronales del cerebro, como hemos visto en el capítulo anterior, hasta editar la información genética de nuestras células para evitar enfermedades o monitorizar y controlar su funcionamiento. Este es el caso de la optogenética, una nueva tecnología que modifica genéticamente las neuronas para reemplazar sus canales iónicos normales por otros controlables mediante la luz.

Ya en 1979, el codescubridor de la estructura del ADN Francis Crick advirtió de que el mayor reto de la neurociencia sería poder controlar específicamente las neuronas deseadas sin afectar a la actividad de las demás. Veinte años más tarde, Crick sugirió que esto podía lograrse con luz; las neuronas del cerebro no se activan por la luz, de modo que si pudiera lograrse que algunas de ellas específicamente sí respondieran a un estímulo luminoso, se conseguiría activar neuronas concretas a voluntad.

De hecho, cuando Crick lanzó su sugerencia ya se conocían moléculas que actúan como canales iónicos en algunos microbios y que se activan con la luz. El hecho de que el potencial de acción de las neuronas se genere también por la acción de canales iónicos inspiró a los neurocientíficos para tratar de introducir estas moléculas microbianas en las neuronas y así controlarlas mediante luz. Sin embargo, no fue hasta el primer lustro de este siglo cuando los investigadores consiguieron por fin perfeccionar un sistema funcional y lo suficientemente sencillo para convertir la optogenética en una realidad.

En su forma más utilizada hoy, el primer componente del sistema es un virus modificado que sirve como vehículo genético, infectando a las neuronas deseadas para que expresen el canal iónico microbiano sensible a la luz. En concreto suelen utilizarse dos tipos de canales: la canalrodopsina, descubierta en las algas verdes unicelulares, es un canal de cationes sodio que se abre con luz azul; mientras que la halorodopsina, obtenida de las halobacterias, es un canal de aniones cloruro que se activa con luz amarilla.

Una vez que las neuronas producen los canales iónicos microbianos y los emplean como propios, ya se puede controlar su actividad con luz: la iluminación azul abre la canalrodopsina, permitiendo el paso de cationes sodio al interior de la neurona, lo que despolariza la membrana, genera un potencial de acción y dispara el impulso nervioso. Por el contrario, la luz amarilla abre la halorrodopsina al paso de aniones cloruro a la neurona, hiperpolarizando la membrana e interrumpiendo el impulso nervioso. Así, se obtienen neuronas que se activan con luz azul y se inhiben con luz amarilla. En los primeros experimentos con células en cultivo, el control de las neuronas se efectuaba iluminando los cultivos con láser. Pero cuando

> OPTOGENÉTICA PARA RESTAURAR LA MEMORIA

En 2015 el premio Nobel Susumu Tonegawa y su equipo del Instituto Tecnológico de Massachusetts (MIT) utilizaron la optogenética para analizar las causas de la amnesia. En su estudio, usaron dos grupos de ratones: unos sanos y otros genéticamente modificados que mostraban incapacidad para recordar. Los investigadores situaron a todos los ratones en una caja, donde recibían descargas eléctricas. Los ratones sanos aprendían a temer a la caja, pero los transgénicos no, porque olvidaban lo experimentado. En una segunda etapa del experimento, los científicos lograron evitar la amnesia de los ratones activando, mediante la optogenética, las neuronas del hipocampo de los roedores, vinculadas a los recuerdos traumáticos recientes. Todavía es pronto para trasladar estas intervenciones a los seres humanos, pero esta observación sugiere que la pérdida de memoria en el alzhéimer podría deberse más a una dificultad en acceder a la información guardada, que a un borrado de la misma. Si los recuerdos están ahí, cabe la posibilidad de que pueda intervenirse para recuperarlos.

— La optogenética permite activar y desactivar mediante la luz neuronas genéticamente modificadas que producen canales iónicos sensibles a la luz.

comenzaron los ensayos en el cerebro de animales vivos, había que llevar la luz a su interior. Esto se logra implantando cables de fibra óptica a través del cráneo de los animales.

> Lo más interesante de la optogenética son las posibilidades que nos ofrecerá de aumentar nuestras capacidades.
>
> KARL DEISSEROTH

Las posibilidades de la optogenética de cara a la manipulación de la actividad cerebral y a la reparación y potenciación de nuestras capacidades es inmensa, ya que ofrece la opción de abrir o cerrar circuitos neuronales precisos y a voluntad sin necesidad de una corriente eléctrica, sino simplemente con luz. Por el momento, sus aplicaciones son sobre todo experimentales y se restringen al ámbito de la investigación. Por ejemplo, los estudios en ratones están permitiendo analizar las funciones de cada neurona en el complejo entramado cerebral, activándolas o inhibiéndolas para descubrir sus efectos y descifrar así el puzle del cerebro pieza a pieza.

Su uso en humanos parece también cada vez más próximo. De hecho, ya está en marcha el primer ensayo clínico que pone a prueba una forma básica de optogenética para devolver algo de vista a los afectados por retinitis pigmentosa, una enfermedad degenerativa que destruye las células fotorreceptoras de la retina, encargadas de captar la luz. Se trata de suministrar a los pacientes un virus modificado genéticamente que introduce la canalrodopsina en las células ganglionares de la retina. Estas células no son normalmente sensibles a la luz, pero la canalrodopsina las convierte en fotorreceptores rudimentarios. En este caso no se emplea fibra óptica, sino que es la propia luz que entra en el ojo la que estimula estas células convertidas en fotosensibles, que así podrán enviar una señal al nervio óptico. Dado que la canalrodopsina solo responde a la luz azul, los pacientes tendrán una visión monocromática, pero se espera que el procedimiento les ayude a distinguir formas a su alrededor para manejarse mejor en el entorno.

Más allá de la intervención genética del cerebro, otras vías de investigación despliegan hoy un amplio abanico de posibilidades de cara a la recuperación y ampliación de nuestras capacidades.

IMPLANTES QUE CONECTAN NUESTRO CEREBRO CON LAS MÁQUINAS

Los implantes cerebrales constituyen hoy uno de los principales objetos de estudio por parte de neurocientíficos e ingenieros médicos, en gran medida, debido al gran impacto que su desarrollo podría tener en el ámbito clínico. Hoy día ya han devuelto la visión y el oído a muchas personas; y en sus versiones más sofisticadas, en la que media una interfaz cerebro-ordenador, han logrado incluso restaurar una mínima comunicación y movimiento a pacientes con enfermedades neurodegenerativas, como la esclerosis lateral amiotrófica (ELA).

Sin embargo, aún queda mucho por hacer. Por eso, los neurocientíficos se afanan en comprender el lenguaje del cerebro, de modo que puedan traducir los patrones de disparo de las redes neuronales en algoritmos computacionales y, de este modo, comunicar nuestro cerebro de forma directa y precisa, con dispositivos externos.

Llegado este punto, podríamos manejar miembros prostéticos con naturalidad solo con pensarlo; activar músculos paralizados y restaurar sus circuitos neuronales; o incluso manejar ordenadores o dispositivos robóticos con nuestra mente. Más allá de las posibilidades terapéuticas, el progreso en el campo de la biónica cerebral abriría la puerta a la ampliación de nuestras capacidades. Tener cuatro brazos, una memoria ilimitada o percepción ultrasensorial serían nuevas posibilidades en un catálogo que, si bien aún parece lejano, será posible una vez podamos comprender la dinámica de las redes neuronales y su vínculo con nuestras funciones mentales.

Por el momento, sin embargo, las grandes esperanzas en el terreno de los implantes cerebrales se centran en su dimensión clínica.

Dispositivos para recuperar los sentidos

Los implantes sensoriales fueron de los primeros dispositivos cerebrales en cosechar éxitos. Su función es sustituir a los órganos de los sentidos, recogiendo los estímulos del entorno y enviando señales al sistema nervioso para que las procese como lo haría de forma natural. Un primer nivel de la tecnología de implantes sensoriales, ya muy extendida, es el implante coclear, un aparato que recoge los sonidos del exterior y los convierte en impulsos nerviosos en el nervio auditivo, restaurando así la capacidad auditiva en personas sordas.

En una persona con audición normal, el sonido hace vibrar una membrana en el oído medio llamada *tímpano*, que transmite la vibración a una cadena de huesecillos. Estos, a su vez, llevan el sonido al oído interno, dentro del hueso del cráneo. Allí se encuentra la cóclea o caracol, una cavidad con forma de tubo en espiral que es la encargada de convertir el sonido en un impulso nervioso. Esto se produce gracias a células especiales que tapizan el interior de la cóclea y que se conocen como células ciliadas, debido a que se hallan recubiertas de unas diminutas vellosidades llamados *cilios*. Cuando el sonido llega desde el oído medio, provoca ondas en el fluido de la cóclea que hacen vibrar los cilios. Esta vibración se traduce en un impulso nervioso que se transmite a las células ganglionares, cuyos axones forman el nervio auditivo que envía la señal al cerebro.

Cuando por algún daño o enfermedad se destruyen las células ciliadas, desaparece la audición: por mucho que se amplifique el sonido, no existe nada que lo recoja para traducirlo en una señal nerviosa. Es decir, el sonido se transmite a través del tímpano y los huesecillos, pero la ruta queda interrumpida en la cóclea, que es incapaz de enviar el impulso al nervio auditivo. En estos casos se coloca un implante coclear, compuesto por dos partes, una externa y otra interna. La parte externa se compone de un aparato que se sitúa detrás de la oreja y que lleva un micrófono y un procesador que reproduce sintéticamente la voz humana detectada, separándola en varias bandas de frecuencia. Esta señal se envía a través de un transmisor a una bobina situada bajo la piel, que convierte los sonidos procesados en impulsos eléctricos y los transmite a una serie de electrodos implantados en cada una de las cavidades de la cóclea. Los electrodos sustituyen la función de las células ciliadas: recogen las distintas bandas de frecuencia según su diferente posición en la cóclea, y estimulan grupos concretos de células ganglionares en mayor o menor grado según los tonos y el volumen del sonido, lo que permite enviar la señal al nervio auditivo y de ahí al cerebro.

El implante coclear ha ayudado a muchas personas a recuperar la capacidad de oír la voz humana. Sin embargo, estos dispositivos no sirven para los pacientes que tienen dañado el nervio auditivo, ya que en este caso el impulso nervioso generado por el sonido no puede transmitirse al lugar del cerebro encargado de recibir la señal, el núcleo coclear, situado en el tronco encefálico. En estos casos se necesita una intervención más profunda, que lleve la señal directamente hasta allí. Los implantes en el tronco encefálico (fig. 1), conocidos como oídos biónicos, son similares a los implantes cocleares. También cuentan con un micrófono externo y un sintetizador de voz, pero en su caso los electrodos se colocan en el núcleo coclear, salvando así la brecha existente entre el nervio dañado y el cerebro. En este caso, la estimulación es más complicada, porque en el núcleo coclear los tonos no están repartidos en zonas distintas, como ocurre en la cóclea, por lo que cada uno de los electrodos, que transporta una banda de frecuencias acústicas, debe estimular varios tipos de neuronas.

Ya existe un implante de este tipo aprobado por la FDA desde el año 2000, pero su eficacia aún se está evaluando. Hasta ahora los resultados son variables: los portadores del oído biónico tienen

Fig. 1

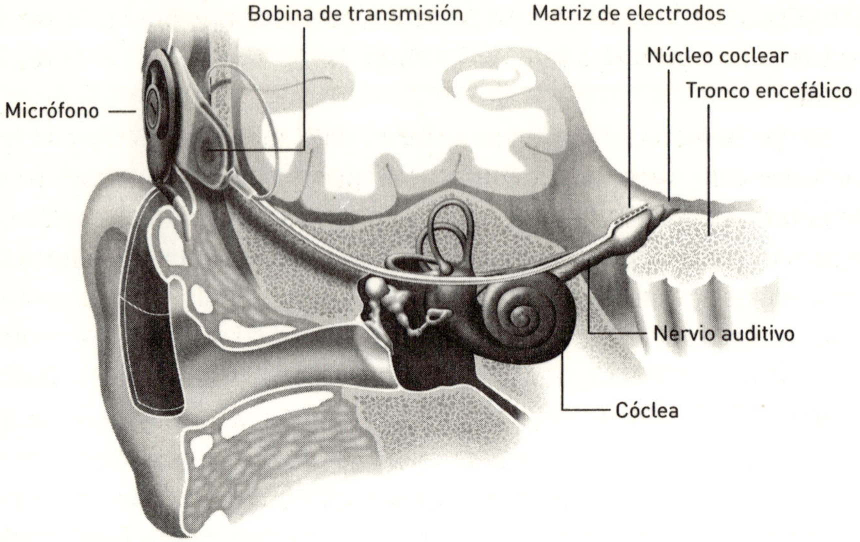

Los oídos biónicos transforman el sonido en señales eléctricas y las transmiten a una matriz de electrodos implantada en el núcleo coclear.

sensación auditiva y pueden distinguir sonidos como el timbre de una puerta o de un teléfono. También perciben la voz, pero por el momento siguen necesitando leer los labios. Los científicos tratan ahora de comprender mejor la respuesta de las neuronas del núcleo coclear para refinar la asignación de frecuencias a cada electrodo, y aprovechar también la plasticidad neuronal para evaluar la adaptación de otras áreas auditivas del cerebro.

La investigación en implantes biónicos no solo puede ayudar a las personas sordas, sino también a las que padecen ciertas deficiencias visuales. En el ojo, la luz atraviesa el orificio de la pupila y el fluido transparente del globo ocular para llegar a la retina, la capa en el fondo del ojo que contiene células sensibles a la luz, llamadas *fotorreceptores*. Los fotorreceptores transforman el estímulo luminoso en un impulso eléctrico, que se transmite a las células ganglionares, y estas envían la señal nerviosa por el nervio óptico hasta la región del cerebro encargada de procesarla, la corteza visual.

En las personas con ciertas enfermedades, como la retinitis pigmentosa o la degeneración macular, parte de los fotorreceptores de la retina quedan destruidos. Los implantes retinales reemplazan la función de la retina mediante un detector de luz que convierte la señal visual en impulsos eléctricos, los cuales se transmiten a un conjunto de entre 60 y 100 electrodos que envían este impulso nervioso al nervio óptico. En los implantes desarrollados hasta ahora se utilizan diferentes dispositivos para detectar la luz. En el caso más sencillo, es una cámara montada en unas gafas. Otros sistemas más complejos emplean fotodiodos, componentes electrónicos que convierten la luz en una corriente eléctrica y que, implantados en la retina, pueden seguir los movimientos naturales del ojo. Los implantes retinales actuales consiguen restablecer la visión solo parcialmente, pero los investigadores confían en mejorar los resultados con nuevos sistemas de fotodetección más sofisticados.

Hoy los implantes sensoriales están concebidos para restaurar funciones dañadas, pero a medida que se vaya conociendo mejor cómo el sonido o la luz se transforman en señales nerviosas, y pueda actuarse de forma más fina sobre tipos neuronales concretos, los implantes sensoriales podrían diseñarse y utilizarse para ampliar la capacidad sensorial de las personas sanas.

Restaurar el movimiento

Otro campo que está avanzando de forma notable en los últimos años es el de la biónica aplicada al movimiento muscular. En este terreno se están investigando diversas líneas, que van desde la estimulación eléctrica funcional (EEF) a las BCI más sofisticadas.

La estimulación eléctrica funcional tiene su ejemplo básico más conocido en un clásico de la medicina: el marcapasos cardíaco. De forma general, la EEF consiste en estimular eléctricamente un músculo para recuperar su correcto control nervioso, que se ha perdido o es deficiente. En el caso del marcapasos, el músculo estimulado es de movimiento involuntario. Pero en los últimos años se han alcanzado grandes logros en la EEF aplicada al control de los músculos voluntarios, como los de piernas y brazos, en personas que sufren de parálisis causada por daños en la médula espinal. En estos casos, cuando el paciente trata mentalmente de mover sus músculos, su cerebro emite órdenes de movimiento en forma de señales eléctricas, pero este impulso nervioso no llega a las extremidades porque encuentra una brecha en la médula espinal que detiene la transmisión. La EEF busca, en primer lugar, comprender cómo es esa señal eléctrica enviada por el cerebro, y simularla mediante un generador eléctrico para transmitirla a los músculos a través de cables y electrodos cuando el paciente aprieta un botón en el dispositivo. De este modo, cuando el usuario acciona el pulsador, sus músculos se mueven para caminar sin intervención de su cerebro.

Sin embargo, este sistema dista de ser el ideal. Por eso, los investigadores han avanzado un paso más y han conseguido que sean los propios intentos del usuario de moverse los que pongan en marcha el generador de impulsos eléctricos que accionan los músculos de sus piernas. Naturalmente, este enfoque solo funciona en los pacientes que conservan algo de movilidad en sus extremidades. Si, por ejemplo, el paciente puede contraer algún músculo o mover ligeramente el pie, se programa el aparato para que detecte esta acción y ponga en marcha la generación de impulsos eléctricos destinados a ayudarle a caminar o a mover el brazo.

Cuando la parálisis es completa y no hay transmisión de señales cerebrales hasta los músculos, es necesario leer directamente las intenciones de movimiento a partir de la actividad cerebral. En estos casos entran en juego las BCI, capaces de leer las señales de pequeños grupos de neuronas y traducirlas a órdenes de movimiento para que las ejecute un dispositivo de salida, que puede ser desde una prótesis a un brazo robótico, un exoesqueleto, una silla de ruedas o un sistema de EEF para impulsar las contracciones musculares. De este modo, el dispositivo de salida es controlado por el paciente directamente con su cerebro. Esto es muy importante en diversas condiciones en las que el control muscular se ha perdido o dificultado, no solo en lesiones medulares sino también en infartos cerebrales, distrofias musculares, palsia cerebral o esclerosis lateral amiotrófica.

El mecanismo de una BCI comienza en el cerebro del paciente, cuando se le instruye para que intente mentalmente realizar una acción, como mover un brazo. Esta intención produce una actividad eléctrica cerebral que puede registrarse con un aparato de medida. La opción más sencilla es utilizar la electroencefalografía, aunque esta técnica no ofrece la suficiente resolución y parte de la señal se pierde a través del cráneo. Un método más preciso, aunque más invasivo, es implantar en el cerebro una matriz de microelectrodos que registren la señal eléctrica de las neuronas. Para ello es necesario saber exactamente en qué región del cerebro debe implantarse el chip. Esto puede lograrse utilizando previamente técnicas como la IRMf, que permiten localizar qué zonas del cerebro se activan cuando el paciente intenta mentalmente mover el brazo.

Los electrodos del chip recogen las señales eléctricas generadas por las neuronas, que son traducidas a parámetros eléctricos por un ordenador. Este proceso requiere una fase de aprendizaje: el sujeto debe realizar repetidas veces la acción mental de intentar mover el brazo, para que el programa aprenda cuáles son las señales cerebrales causantes de esta operación, amplificando las señales significativas y eliminando el ruido accesorio. De este modo, una vez que el paciente se ha entrenado en la ejecución de esta orden mental, y el ordenador ha aprendido a interpretar la señal cerebral del paciente, cada vez que este realice mentalmente esa operación el ordenador ya sabrá que está intentando mover el brazo.

El siguiente paso consiste en que el ordenador transmita esa orden de mover el brazo al componente final de la BCI, que puede ser un brazo artificial o el propio músculo del paciente. En el primer caso, se trata de un mecanismo robótico que el ordenador acciona mediante el movimiento mecánico de sus partes; así, la orden mental del usuario «mueve el brazo» se convierte en un movimiento de la prótesis. Pero lo ideal sería que el paciente pudiera emplear sus propios músculos. En este caso, el ordenador transmite esa orden mental de mover el brazo en forma de impulsos eléctricos a través de cables, que llegan hasta el músculo y estimulan su movimiento mediante electrodos.

> Algún día los implantes cerebrales serán tan habituales como lo son hoy los implantes cardíacos.
>
> Miguel Nicolelis

Una vez se ha conseguido que funcione de forma fluida, en pacientes que aún conservan conexiones neuronales funcionales, el uso repetido de la BCI puede mejorar el propio control del paciente sobre sus músculos, gracias a la plasticidad neuronal que es capaz de reorganizar algunos circuitos cerebrales para recuperar algo del movimiento perdido. Es decir, la acción mental repetitiva del paciente al intentar mover sus músculos puede lograr recuperar una parte de su propio movimiento autónomo en los casos en que la médula espinal está dañada, pero no totalmente seccionada.

Las BCI para la recuperación motora se han investigado intensamente desde la década de 1980. Los que hasta ahora ofrecen un control más preciso utilizan una matriz de microelectrodos implantados en la corteza cerebral que captan la señal de actividad de neuronas individuales. Así, en 2006, dos pacientes con tetraplejia recibieron implantes con cien microelectrodos que les permitían controlar un cursor en un ordenador y una mano robótica en las tres dimensiones del espacio.

Pero las personas con dificultades motoras tienen un problema añadido, y es que a menudo pierden también la sensibilidad en los miembros, como ocurre en los lesionados medulares. En las personas sanas, las señales procedentes del sentido del tacto o la presión son esenciales para controlar adecuadamente el movimiento de la mano al agarrar un objeto. Por eso, los investigadores están desarrollando sensores que se colocan en los miembros protésicos y que se cablean a zonas concretas de la corteza somatosensorial del cerebro para transmitir la sensación de tacto de cada dedo por separado.

El objetivo final es cerrar el círculo natural sensorio-motor, combinando los sistemas que envían las órdenes de movimiento a los miembros con los que devuelven las sensaciones de estos al cerebro. Conseguirlo tendría un gran impacto en la vida de muchas personas hoy privadas de movilidad.

Interfaces cerebro-ordenador para comunicarse con la mente

Otro de los campos de desarrollo en el entorno de las BCI es el enfocado a restaurar la capacidad para comunicarse en personas que la han perdido, como los enfermos de ELA. Es conocido el caso del físico Stephen Hawking, quien empleaba un sistema de escritura en un ordenador controlado con la mano, que luego pasó a manejar con el movimiento de su mejilla cuando perdió por completo la movilidad en los dedos. El objetivo es que en el futuro sistemas como este puedan operarse directamente mediante la actividad cerebral gracias a las BCI.

Hoy día ya se han realizado avances interesantes en este ámbito. En los sistemas desarrollados, la BCI permite al usuario elegir entre varias opciones, como distintas palabras, frases, o letras, normalmente presentadas en una pantalla. Para identificar la opción elegida, el sistema se sirve de una señal cerebral concreta, que se dispara cuando una persona atiende a un estímulo. Esta señal, detectable mediante un EEG, se denomina p300, ya que aparece unos

300 ms después de que se presente el estímulo. Cuando se le presenta a un sujeto una pantalla en la que van apareciendo filas y columnas de símbolos, como letras y números, el EEG puede detectar el momento en que el cerebro del individuo genera esa señal, y por tanto cuál es el símbolo que la ha provocado. Gracias a este sistema se han creado procesadores de textos que permiten a los usuarios comunicar varias palabras por minuto.

Estos sistemas han comenzado a dar resultados esperanzadores en pacientes en estado terminal de ELA, que carecen de toda capacidad de movimiento, y permancen atrapados en sus cuerpos e incapaces de comunicarse. Estos pacientes exhiben una actividad cerebral normal asociada a procesos cognitivos, pero el desacoplamiento entre intenciones y el resultado de las acciones, como consecuencia de la ausencia de movimientos, dificulta el proceso de aprendizaje necesario en el manejo de las BCI. Desde el primer intento en 1999, no fue hasta el año 2014 cuando se logró que una paciente con ELA se comunicara con éxito mediante una BCI. El ensayo empleó otro método no invasivo, una técnica de neuroimagen llamada *espectroscopía funcional del infrarrojo cercano* (fNIR en inglés) que utiliza luz infrarroja para ver a través del cráneo y la piel, detectando los cambios en la oxigenación de la sangre en el cerebro; cuando una región cerebral se activa, recibe sangre más oxigenada. La paciente fue instruida para que diera dos posibles respuestas, sí o no, primero a preguntas con respuesta conocida, como «¿Has nacido en Hamburgo?», y después a otras, como «¿Quieres que te movamos hacia la derecha?». Mediante la detección y clasificación del patrón de oxigenación cerebral medido tras cada pregunta, el sistema logró acertar entre un 72 y un 100 % de las respuestas a lo largo de 14 sesiones consecutivas durante un año.

Desarrollos posteriores de estos sistemas han tratado de combinar la EEG y la fNIR para refinar la tecnología. Estos avances hacen pensar que en los próximos años quizá se logren abolir los atroces estados de bloqueo completo característicos de la ELA.

Poco a poco, las BCI van conquistando y domesticando más dominios funcionales del cerebro, y es posible que en un futuro veamos implantes cerebrales diseñados para restaurar o potenciar otro tipo de funciones, como la memoria o el aprendizaje. Estos avances resultarían fundamentales para luchar contra enfermedades neurodegenerativas como el alzhéimer. Sin embargo, las técnicas destinadas a intervenir estas áreas cognitivas se encuentran todavía en los primeros estadios de la investigación.

En poco más de dos décadas, la investigación en BCI ha proporcionado estrategias muy prometedoras para mejorar la calidad de vida de pacientes con enfermedades neurológicas que son todavía imposibles o difíciles de curar. A la luz de estos avances, queda de manifiesto que el lenguaje del cerebro puede ser descodificado y traducido al lenguaje de las máquinas, haciendo posible la comunicación entre ambos. No sería extraño que el futuro camine hacia una fusión entre ser humano y máquina cada vez más estrecha, de un modo similar a las simbiosis que suceden en la naturaleza entre dos organismos. De ser el caso, como en toda simbiosis, ambas partes adquirirían propiedades del otro. Estaríamos ante una mecanización de la humanidad, así como una humanización de la tecnología, gracias a la cual podríamos vencer los límites impuestos por enfermedades hoy devastadoras, e incluso superar los límites de nuestra propia naturaleza.

UNA MIRADA AL FUTURO

A las puertas del siglo XXI, se abre un panorama de ordenadores inteligentes y máquinas de todo tipo, grandes y miniaturizadas. Ser humano y tecnología parecen abocados a una cooperación cada vez más íntima, en lo que podría considerarse la culminación de un largo proceso evolutivo: la vida orgánica dio origen a la tecnología, y hoy ambas se vinculan inseparablemente.

Si en sus albores la tecnología permitió a la humanidad explorar el mundo, ahora se adentra en nuevos territorios y permite descubrir e intervenir la propia biología del ser humano. La conquista del cerebro nos revelará cuáles son los engranajes de nuestra mente, sus condicionantes y potencialidades, y nos dará las claves para descifrar su lenguaje y poder manejarlo, repararlo y rediseñarlo, como hacen los ingenieros con sus creaciones tecnológicas. En último término, la exploración del cerebro nos ayudará a desvelar los secretos más íntimos de nuestra naturaleza, que son probablemente los aspectos más extraordinarios de la materia: la capacidad de exhibir consciencia, sensibilidad, e imaginación para viajar mentalmente y traspasar los límites del universo y del tiempo.

Queda un largo camino por recorrer con grandes obstáculos por superar. Disponemos de un andamio de conocimiento sólido, pero con numerosos huecos que tendremos que rellenar para saber cuándo y cómo es o no es factible modular el cerebro. Tampoco sabemos hasta dónde llegarán los límites elásticos del cerebro, en definitiva un órgano con plasticidad. Lo que sí sabemos es que en nuestro ADN está contenido el deseo imparable de llegar a comprender nuestra naturaleza y trasgredir nuestros límites. Ante nuestros ojos se abre un vertiginoso repertorio de posibilidades. Nunca antes fue tan excitante pertenecer a la especie humana y, en un acto de profunda humanidad, mirar al futuro. Allí donde aguardan nuestros anhelos y deseos de superación.

LECTURAS RECOMENDADAS

DAMASIO, ANTONIO R., *El error de Descartes*, Barcelona, Destino, 2011.

EAGLEMAN, DAVID, *El cerebro. Nuestra historia*, Barcelona, Anagrama, 2017.

GAZZANIGA, MICHAEL S., *¿Qué nos hace humanos? La explicación científica de nuestra singularidad como especie*, Barcelona, Paidós Ibérica, 2010.

MARCUS, GARY, *Kluge. La azarosa construcción de la mente humana*, Barcelona, Ariel, 2010.

NICOLELIS, MIGUEL, *Más allá de nuestros límites: los avances en la conexión de cerebros y máquinas*, Barcelona, RBA libros, 2012.

PINKER, STEVEN, *Cómo funciona la mente*, Barcelona, Destino, 2001.

ROSE, STEVEN, *Tu cerebro mañana: cómo será la mente del futuro*, Barcelona, Paidós Ibérica, 2008.

SEUNG, SEBASTIAN, *Conectoma*, Barcelona, RBA libros, 2012.

ÍNDICE